高等数学
教学策略创新研究

高正欣　著

GAODENG SHU

JIAOXU   IN YANJIU

电子科技大学出版社
University of Electronic Science and Technology of China Press
·成都·

图书在版编目（CIP）数据

高等数学教学策略创新研究 / 高正欣著 . —成都：
电子科技大学出版社，2023.11
ISBN 978-7-5770-0670-3

Ⅰ.①高… Ⅱ.①高… Ⅲ.①高等数学 – 教学研究 –
高等学校 Ⅳ.① O13

中国国家版本馆 CIP 数据核字（2023）第 215853 号

高等数学教学策略创新研究

GAODENG SHUXUE JIAOXUE CELÜE CHUANGXIN YANJIU

高正欣　著

策划编辑　罗国良
责任编辑　罗国良

出版发行　电子科技大学出版社
　　　　　成都市一环路东一段 159 号电子信息产业大厦九楼　　邮编　610051
主　　页　www.uestcp.com.cn
服务电话　028-83203399
邮购电话　028-83201495

印　　刷　三河市九洲财鑫印刷有限公司
成品尺寸　240mm×170mm
印　　张　12.25
字　　数　200 千字
版　　次　2023 年 11 月第 1 版
印　　次　2024 年 1 月第 1 次印刷
书　　号　ISBN 978-7-5770-0670-3
定　　价　76.00 元

前　言

　　高等数学作为高等院校开设的一门必修课程，对于培养学生的思维能力、空间想象能力具有十分重要的作用，是高等院校教育课程中重要的构成部分，其在高新技术和信息领域中被广泛应用。随着移动互联网的快速兴起和发展，给信息化技术的发展和应用提供了新的助力，在信息化时代下，信息化技术已经在高等教育领域中得到了广泛的应用，对于推动高等教育事业的改革和发展具有重要的现实意义。高等数学信息化教学的实施是教育信息化背景下的必然趋势。基于此，本书从信息技术与数学教育相融合对于教学改革的影响入手，对高等数学信息化教学改革进行深入分析与探讨，并由此提出了解决相关问题的有效策略。

　　《高等数学教学策略创新研究》一书，第一章以高等数学教学概述为主，探究高等数学教学发展及其理念、现代信息化技术在高等数学教学中的重要性以高等数学教学在未来的发展；第二章以高等数学教学创新研究为主，探究高等数学教学与学生专业融合创新、高等数学教学与数学建模思想创新、高等数学教学与信息技术融合创新以及高等数学教学生活化创新；第三章以高等数学教学模式创新研究为主，探究高等数学半自主式课堂教学设计、创新理念下高等数学教学模式、分层教学法下高等数学教学模式、微课下高等数学教学模式、问题驱动法下高等数学教学模式以及智慧课堂教学理念下高等数学教学模式；第四章以高等数学课堂教学创新研究为主，探究创新理念下高等数学课堂教学模式、高等数学互动式课堂教学设计，并分析了创新理念下高等数学课堂教学质量应如何提升；第五章以高等数学教学方法创新应用研究为主，探究高等数学教学的方法与素质教育、微课在高等数学教学的应用、元认知在高等数学教学的应用、混合式教学在高等数学教学的应用、启发式教学在高等数学教学的应用以及数形结合在高等数学教学的应用；第六章以高等数学教学评价创新研究为主，除了探讨数学教学评价的概念与开展情况、数学教学反思的概念与反思方法外，还深度分析了智慧课堂数学课堂教学的实践与反思；第七章以高等数学教学与数学文化融合研究为主，包括高等数学教学与数学文化融合的理论基础、高等数学教学与数学文化融合的路径探究、高等数学教学与数学文化融合的应用以及高等数学教学与数学文化融合的教学模式。

　　基于对教育信息化背景下高等数学教学策略创新的探索与研究，本书在撰写的过程中参考了大量的文献资料，希望能够为高等数学教育工作者和研究者提供有价值的借鉴和参考。在此向各位学者表示衷心感谢，由于著者水平有限，书中难免存在疏漏之处，敬请读者批评指正。

著　者

2023 年 8 月

目 录

第一章

高等数学教学概述

第一节　数学教学发展及其理念

一、数学教学的发展

21世纪是一个科技快速发展、国际竞争日益激烈的时代。科技竞争归根结底是人才的竞争，而高校是培养高素质人才的摇篮，高校的数学教育也必须满足社会快速发展的需要，教育理念等应不断进行改革。

（一）数学教学的发展

数学课常使人产生这样一种错觉，即数学家们几乎会理所当然地在制定一系列的定理，而学生又会被淹没在成串的定理中。所以学生从教材中根本无法感受到数学家所经历的艰苦漫长的求证道路，感受不到数学本身的美。通过研究数学史，教师可以让学生更加深入地理解数学，这门学科不再只是一门枯燥乏味的学科，而是一门充满生机且有趣的学科。所以，在数学教育中应该有属于数学史的舞台。

1. 东方数学发展史

在东方国家中，中国的数学水平无疑处于领先地位，由此，中国也成为了世界数学研究的中心。而它的发展历程跨越了很长一段时间，从最初的结绳记事、书契，发展为后来的写数字。殷商甲骨文中有13个记数单字，包括十、百、千、万等，可记十万以内的任何数字，其中蕴含了十进位制的萌芽。随着时间的推移，古人逐渐认识到，仅仅依靠写数字是不够的，因此，加法和乘法应运而生，并且数学也开始被记录在书籍当中。

在战国时代，《荀子》①一书中就记载着有关四则运算的内容，而公元三世纪的《孙子算经》②则对乘除运算进行过深入的研究，另外，书中还包含了

---

① （战国）荀子著；曹芳译.荀子［M］.辽宁：万卷出版有限责任公司，2020.
② （唐）李淳风注释.孙子算经［M］.北京：商务印书馆，1939.

现在仍在运用的勾股定理。后到了秦汉时期，算筹制度的形成标志着中国数学发展的一个重要转折点，《孙子算经》也对此进行了详尽的阐释，并且提供了一套完整的算数方法。

《九章算术》[①] 的问世象征着我国数学教育的一个里程碑，其是第一次深刻探讨数学的书籍，被誉为算经十书里最为关键的一部分，为后人对于数学的进一步研究和学习提供了强有力的基础。隋唐时期，《九章算术》被引进朝鲜、日本等国。《九章算术》中首次提出负数这一概念，但可惜，随着时代的演进，我国历史上多次遭受战乱、政权更迭以及文化转型，使得我国数学教育陷入了一个艰难的境地。与之同时，西方国家却取得了飞速的进展。不过关于数学文化的发展也没有停滞，仍有许多传统的工具，比如算盘，它们曾经被认为是中华文化的一颗璀璨的明珠，就诞生于元朝末期。

16世纪左右，西方数学开始传入中国，两者之间的交流也随之开始。但是，随着清朝政府的封闭政策，中国的数学又一次陷入了停滞不前的状态中，只好继续探索以往的研究课题。

尽管中国数学家们在这一时期取得了一些小的突破，例如幂级数的研究，但他们的努力仍未能改变中国数学研究落后于世界数学研究的状态。随着19世纪末20世纪初的留学风波，中国数学开始出现现代主义色彩。后随着中华人民共和国成立，郭沫若先生的《科学的春天》的出版，为中国数学的发展注入了新的活力。

2. 西方数学发展史

古希腊作为四大文明古国中的佼佼者，当时的数学研究取得的巨大进步令全球关注。学派的兴起，使得当时的一些研究成果给世界带来了巨大的进步。最早出现的数学学派是以泰勒斯（Thales）为代表的米利都学派，另外，还有毕达哥拉斯（Pythagoras）创立的毕达哥拉斯学派，以芝诺（Zeno of Elea）等为代表的埃利亚学派。在雅典有柏拉图学派，代表人物是柏拉图（Plato）。柏拉图（Plato）推崇几何，并且培养出了许多优秀的学生，其中最为人熟知的是亚里士多德（Aristotle）。亚里士多德（Aristotle）的贡献并不比他的教师

---

① （魏晋）刘徽注；蔡践编译［M］. 南京：江苏科学出版社，2016.

少，他创办了亚里士多德学派，逻辑学即为亚里士多德学派创立，亚里士多德学派的数学理论还为欧几里得完成《几何原本》^①（简称《原本》）奠定了基础。《原本》是欧洲数学的基础，被认为是历史上最成功的教科书。尼古拉·哥白尼（Nikolaus Kopemikus）、伽利略·伽利雷（Galileo Galilei）、勒内·笛卡儿（Rene Descartes）、艾萨克·牛顿（Lsaac Newton）等数学家都在《原本》的影响下创造出了伟大的成就。

随着时间的推移，阿拉伯数学从 8 世纪开始蓬勃发展，15 世纪又逐渐减弱，其主要的研究成果包括一次方程解法、三次方程几何解法和二项展开式的系数等。之后是 17 世纪的欧洲，数学的发展取得了巨大的飞跃，勒内·笛卡儿（ReneDescartes）在数学中引入变量，这标志着数学史上的又一里程碑。而艾萨克·牛顿（Lsaac Newton）和戈特弗里德·威廉·莱布尼茨（Gottfried Wilhelm Leibniz）则各自创造出一个新的数学体系，这也是今天我们所熟知的微积分，它们不仅仅是一个数学概念，而是一个数学家们探索数学本身及其应用领域的精神结晶。数学研究的方向逐渐转向了以变数为主，也就是我们现在所熟悉的"高等数学"。

3. 数学发展史与数学教学活动的整合

中国古代采用算筹作为计数的方式，而西方则以字母计数法为主，但由于文字和书写工具的限制，各地的计数系统存在较大的不同。古希腊的字母数系简单易懂，蕴含着序的思想，但由于缺乏创新，古希腊的实用算数和代数一直落后于其他国家，而算筹却在这一领域取得了领先优势，然而，随着时代的发展，算筹的局限性也逐渐暴露出来。显然，我们应该用辩证的眼光来审视事物的发展。

从古至今，中国一直是一个农业大国，《九章算术》中涉及的问题大多与农业有关。然而，由于中国古代的等级制度十分严格，许多官员都在研究数学，而统治者为了维持政权稳定，经常会阻碍其中科学思想的发展。随着经济的迅猛发展，西方社会对计算的需求越来越高，而富足的生活也让人们有更多的时间去探索和研究理论，因此，西方学者积极思考和解决问题，而不是像东方那样，以农业为主，这也为数学的发展提供了极大的机遇。

---

① （古希腊）欧几里得著；桂金译．几何原本［M］．北京：台海出版社，2018．

1）数学史有助于教师和学生形成正确的数学观

从古至今，数学的观点一直在不断地改进，从远古的经验论到欧几里得的演绎论，再到经验主义与演绎论相结合的现代"拟经验论"的认知转变过程。人们对数学知识的基本观念也发生了根本性的变化，从柏拉图学派的客观唯心主义到数学基础学派的绝对主义，再到拉卡托斯的可误主义、拟经验主义和后来的社会建构主义。

因此，数学教师应该将数学教学视为一种整体性的过程，将多个数学分支结合起来，形成一个完整的数学体系。这种数学观念应该贯穿于教师的教学设计、课堂讲解和学生的评价之中，从而使教学更加有效、更加全面。数学教师的数学观念可以极大地影响学生的学习和应用，他们所传授的有关数学的知识和技能，将会为他们未来的学习和实践提供重要的指导。

2）数学史有利于学生从整体上把握数学

在数学课本的撰写过程中存在许多限制，即以定义—公理—定理—例题的模式为主，仅仅停留在了传统的概念和方法的层面。通过这种方法，学生会在学习过程中产生一种数学只是从定义到定理，无法应用到实践中的错觉，学生也无法更好地掌握数学的基本概念。似乎数学已经被人为地划归为一章一节，本身似乎已经成为一座座独立的"堡垒"，各种数学思想及其应用方法之间的联系几乎找不到。但通过研究数学史，我们能够更加深入地理解和掌握其背后的原理，并且能够更加清晰地看出它的演变，如它的发展脉络、它的理论框架、它的应用范围等。通过深入探究和实践，学生们能够更好地理解和掌握课程内容，并将其应用到实际的数学问题当中，进而建立起完善的数学认知。

3）数学史有利于激发学生的学习兴趣

兴趣是促进学生学习的内在动力。学生是否有学习兴趣，决定了学生能否积极、主动地参与学习活动。在适当的时候向学生介绍一些数学家的轶事或者有趣的数学现象无疑是激发学生学习兴趣的有效途径。例如，阿基米德专心研究数学问题，并没有感觉到死亡的临近。当敌兵用剑指着他时，他只要求对方等他完成尚未证明的问题再采取行动。另一个例子是，当学生知道如何构建一个正方体，使其体积等于给定正方体体积的两倍后，教师就会让学生进一步了解倍立方的问题及其神话起源——只有建造一个体积两倍于给定立方祭坛的立方祭坛，太阳神阿波罗才能息怒。这些有趣故事的引入无疑会让学生认识到数学并不是一门枯燥的学科，而是一门活泼有趣、不断进步的学科。

4）数学史有利于培养学生的思维能力

通过研究和分析数学史，不仅可以帮助学生理解历史，也可以培养学生的数学思维能力，从而使学生能够像数学学者们那样去思考，这也是数学教育需要达到的目的。所以学习数学有利于学生思维的进一步发展，而数学史中也有资料能佐证这一点，如毕氏定理的证法有 370 多种，从简单直接证明到复杂的迂回之法，像球体积公式的推导，从古老的祖冲之的截面法到阿基米德的力学法、旋转体逼近法、开普勒的棱锥求和法，它们构成了一个多样的思维训练体系，为学生提供了一条可以更好地理解数学的思路。通过对数学历史的深入研究，可以大大开阔学生的眼界，并且帮助他们发展更多样的思考模式。

5）数学史有利于提高学生的数学创新精神

学生在初中和高中接触并学习了数学课程，但在踏上职场后，可能很快就会把这些课程的内容遗忘。但是，无论这些人将来要做的是哪一行，他们的数学素养、数学思考能力、数学分析能力、数学推断能力、数学观念的影响力将一直延续下去，为他们的职场生涯带来持久的收获。

从古至今，数学一直都被视为一种跨越历史的精湛智慧，它不仅仅体现在殷墟甲骨文卜辞中，更体现在"算筹"等春秋时期常见的计算工具之中，它们不仅仅能让学生追溯历史的脚步，更能够让学生深刻地感受到它们和人类文明的一起演进，一起进步。数学的发展反映了人们积极进取的意志以及对完美境界的追求。

通过精心设计、明确定位、协调一体化地把历史上著名数学家们取得的成就融入到当今的课堂上，这不仅仅只是一个概括性的过程，而是一项深入而又系统的任务。通过研究数学史，可以让我们的理论知识更加全面系统地传播，并且让数学史和课堂内容融合得更加完善。通过这种方式，可以让学生们更好地理解数学，并且培养他们的人文素质，让他们更加聪慧、更加敢于挑战。

（二）我国的高等数学教学改革

高等数学作为一门基础性科目，已广泛融入自然与社会科学的各个分支，为科研工作给予有力地支撑，让科技水平获得飞速进步的同时，也给人们社会发展创造出极大的物质与精神财富。高等数学课程为学生提供了基本的数学知识、数学方法以及数学思想，用于应对专业课的学习及解决现实生活中的实际问题。近年来，虽然高等数学教学已进行了一系列的深化与改革，但是受到传统教学观念的影响，仍存在一些问题，对广大教育者来说，尤其是数学教育工作者，更需要其不懈摸索探究、尝试与创新。

1. **高等数学教学现状**

因高校扩招以及各地教育资源、水平存在一定差别，导致了高校新生的数学专业基础水平和胜任能力不同。一些教师对于高等数学的运用介绍不足，和现实生活脱轨较大，并且和学生专业课程研究未能做好衔接，因此给学生一种"数学没用"的虚假印象。

许多大学的高等数学教育仍存在一些问题，例如，依旧利用板书这种传统的讲授模式。由于他们害怕影响到课程的进度，经常使用死记硬背的方法来讲解。然而，由于这样的限制，许多学生并没有足够的时间进行深入思考，导致他们对于复杂的概念、公式和定理感到恐惧。最终，由于缺乏交流，许多学生都丧失了学习的热情。

2. **高等数学教学的改革措施**

1）高等数学与数学实验相结合，激发学生的学习兴趣

随着科技的进步，许多大学都在努力推行更加先进的数学实验课，以便让更多的学生可以从中获得更多的知识，更好地掌握相应的实践技能，并且能够更好地运用所学的知识去解决现实中的问题。通过引入数学实验课，可以让学生从一种被动的接收模式中获得更多的乐趣，从而提升他们的创新思维能力以及综合素质。

在实验课的教学中，应该充分发挥各种数学软件的优势，使学生使用计算机可以更好地理解高等数学的知识点，包括但不限于对于基本概念、公式和定理的理解。例如，教师可以通过实验演示函数在点处的切线的形成，加深学生对导数定义的理解；还可以在实验课上利用某些数学软件的复杂计算和绘图功能来考查各种数列的变化，使学生能够更全面地了解数列的不同变化趋势，通过更进一步的研究，可以更了解数列的极限。

2）合理运用多媒体辅助教学手段，丰富教学方法

随着我国教育的普及，高等数学课堂教学内容日益丰富，但课时却日益缩短，因此，采用多媒体教学法来进行课堂教学已成为一种可行的、高效的教学方式。

使用多媒体技术能够大大改变课堂氛围，让教师能够专注于课堂的主要内容，避免把大部分的时间花在复制课件或者其他无意义的练习上。这样一来，教师就能够把大部分的注意力放到课堂的主要内容，从而有效地传授知识，同时也能够让学生能够真正理解课程的内容，从而达到最佳的学习效果。通过引入多媒体，可以创造一个形象生动的教学情境，有利于课堂教学活动的开展，再利用计算机进行动画的模拟及图形的显示、文字的说明、数值的计算等来提升学生对于数学概念、内容和方法的理解，提升他们的数学素养，提升他们的思维能力，让他们能够更加积极主动地学习数学。例如，教师在讲解极限、定积分、重积分等重要概念，以及介绍函数的两个重要极限和切线的几何意义时，可以利用多媒体动画演示变化过程；在教授函数的傅立叶级数展开时，可以利用计算机来控制某一函数的展开次数，让学生观察曲线拟合的过程，学生会更容易理解所学的知识。

3）充分发挥网络教学的作用

随着计算机和信息技术的迅速发展，网络教学逐渐成为学生日常学习的重要组成部分。每个学生都可以上网查找、搜索自己需要的资料，查看教师的电子教案，并通过电子邮件、网上论坛等与教师和同学相互交流探讨。教师可以将电子教案、典型习题、单元测试练习、知识难点解析、教学大纲等发到网络上供学生自主学习，还可以在网络上设立一些与数学有关的特色专栏，向学生介绍一些数学史知识、数学研究的前沿动态以及数学家的逸闻趣事等，激发学生学习数学的兴趣，启发学生将数学思想应用到其他科学领域。

为了更好地帮助学生理解数学知识，教师应定期回复他们提出的问题，并且花费更多的时间来指导他们。同时建立一套完善的考核机制，以促进教师的工作能力，激发学生的学习热情，从而更好地完成课程教学。

4）在教学过程中渗透专业知识

如果要让高等数学的内容更加丰富多彩，除了传统的理论和计算方法外，还应该将知识融入学生的日常经验中，让他们在探索中获得更多的乐趣，激

发他们的兴趣，从而更好地掌握所学的内容，从而更有效地完成未来的职业规划。例如，当教师为机械工程专业的学生上课时，第一节课可以先介绍一些电学中常用的函数；在讲解完导数的概念后，再直接介绍电力中的一些变化率模型（如电流强度）；当讲解完导数的应用后，再介绍最大输出功率计算；在解释积分部分时，可以再加上功率计算。

总而言之，为了更好地满足社会对于优秀人才的需求，需要不断更新教育理念，完善教学模式，不断优化教育工具，以便为社会培养出更多的数学人才。

二、弗赖登塔尔（H.Freudenthal）的数学教育理念

（一）弗赖登塔尔（H.Freudenthal）的数学教育思想

弗赖登塔尔（H.Freudenthal）的数学教育思想主要体现在对数学的认识以及对数学教育的认识上。他认为数学教育的目的应该是与时俱进的，并应针对学生的能力来确定；数学教育应遵循创造原则、数学化原则和严谨性原则。

1．弗赖登塔尔（H.Freudenthal）对数学的认识

弗赖登塔尔（H.Freudenthal）认为数学来源于现实，存在于现实，并且应用于现实。[①] 从其中可以看出，任何数学理论的产生都有其应用需求，这些"应用需求"为数学的发展提供了重要的支持，它们不仅满足了当今社会的应用需求，而且还为学生提供了一个更加深入的数学学习环境。弗赖登塔尔（H.Freudenthal）指出，数学与现实生活的联系，其实也就要求数学教育要从学生然悉的数学情境和感兴趣的事物出发，从而使学生更好地学习和理解数学，同时也要求学生能够做到学以致用，利用数学来解决实际问题。弗赖登塔尔（H.Freudenthal）认为现代数学具有以下特征。

1）数学是再创造和形式化的活动

弗赖登塔尔（H.Freudenthal）在讨论现代数学特征的时候首先指出，"数学是再创造和形式化的活动"。[②] 他认为语言是一种灵活的工具。当用日常语

---

① 李婵 . 在数学教学中运用弗赖登塔尔数学教育理论［J］. 读与写上旬，2021（2）：362.
② 李婵 . 在数学教学中运用弗赖登塔尔数学教育理论［J］. 读与写上旬，2021（2）：362.

言表达数学事实时，必须改造语言以适应数学的需要。这种转变仍在进行中，很难预测最终结果会是什么。目前数学中最常用的形式化，将是未来数学家最有效、最可迁移的活动。可见，数学离不开形式化，很多时候数学表达的思想是隐含的意义和高度概括性，因此数学需要用精确的、非常抽象的、简洁的符号来表达。

2）数学概念的公理化

弗赖登塔尔（H.Freudenthal）指出，数学的发展经历了一个重要的转折点，即从传统的外延描述转变为将其转换为公理系统的抽象化。这种转变使得现代数学的发展趋向于公理统计，因为它可以更加清晰地分析和归纳事物的特征，从而更好地理解它们。

3）数学各领域之间与其他学科之间的界限模糊

弗赖登塔尔（H.Freudenthal）指出，现代数学的一大特色在于它把公理化的思想应用于各个领域，使得它们之间的界限变得模糊不清。此外，现代数学还将许多其他的学科知识纳入其中，使得它们能够更好地交叉研究。

2. 弗赖登塔尔（H.Freudenthal）对数学教育的认识

1）数学教育的目的

弗赖登塔尔（H.Freudenthal）深入探索了数学教育的宗旨，并且着重分析了几个重要方面，为此做出了重要贡献。

弗赖登塔尔（H.Freudenthal）强调，第一步是要将数学与现实紧密结合，以便让学生能够将所学的知识运用到实际中去。因此，数学课程的设置应该紧密结合实际，让学生能够更好地理解和运用数学知识，从而更好地服务于社会。根据目前的证据，弗赖登塔尔（H.Freudenthal）的观点已被证明是可行的，并且可以通过实际应用。

第二，数学是否可以作为一种有效的思维训练工具？弗赖登塔尔（H.Freudenthal）的答案是肯定的。他给大学生和中学生提出了许多数学问题，经过系统的学习，学生对这些问题的认知、理解和应用能力都得到了显著的提升。由此可见，数学教育与逻辑思维之间是有一定联系的，也可以说，数学是一种思维训练。

第三，解决问题。弗赖登塔尔（H.Freudenthal）指出，数学被广泛认可，是因为它可以解决许多复杂的问题，这种信任使得数学在社会中受到了极大的重视。因此，"解决问题"成为数学教育的重要组成部分，即可以帮助学生更好地理解和掌握知识。从当前的教学评估和课程安排来看，这一数学课程的教学目标已经得到了明确的阐释。

2）数学教学的基本原则

首先，再创造原则。弗赖登塔尔（H.Freudenthal）认为，数学实质上是人们常识的系统化，每个学生都可能在教师的指导下通过自己的实践来获得这些知识。重新构想和探索是数学课堂的核心理念，它可以帮助我们更好地理解和掌握知识，并且能够帮助我们在各种水平的学习中取得进步。"情境教学"和"启发式教学"都体现出了重新构想和探索的精神。

其次，数学化原则。弗赖登塔尔（H.Freudenthal）强调，数学化不仅仅是数学家的责任，而且应当是学生学习的重要组成部分，以此来推动数学教育的发展。他还指出，没有数学化，就无法构建出完整的数学体系，尤其是没有公理化，就无法建立起完整的公理系统，而没有形式化，就无法构建出完整的形式体系。弗赖登塔尔（H.Freudenthal）强调，演示和实践是教授一个活动的最佳方式，而实践则是学习一个活动的最佳途径。

最后，严谨性原则。弗赖登塔尔（H.Freudenthal）认为数学具有严谨性。数学教学必须符合当下的时代背景和实际情况，以确保其严谨性。这种严谨性可以从多个方面来体现，因此，教师需要引导学生从多个角度去理解和掌握数学的严谨性。

（二）弗赖登塔尔（H.Freudenthal）数学教育思想的现实意义

弗赖登塔尔（H.Freudenthal）是荷兰著名的数学家和数学教育家，其20世纪50年代后期出版的众多著作，深受世界各地的欢迎。半个世纪以后，这位伟大的数学家的理念仍旧闪耀着光芒，令人耳目一新。当今，新的课程改革提出了一些重要的观点，这些观点在许多作者的作品中都得到了充分的体现。因此，了解和落实这些观点，在当今的教学环境下依旧非常重要。

身处课程改革中的数学教师，理当从弗赖登塔尔（H.Freudenthal）的教育思想中汲取丰富的思想养料，获得教学启示并积极践行。

1. 数学化思想的内涵及其现实意义

弗赖登塔尔（H.Freudenthal）的数学化教育理念已经成为当今数学教育的核心，它不仅改变了数学教师的思维模式和行为习惯，而且也深深地影响了全球的数学教育，成为当今教育发展的重要推动力。

1）数学化思想的内涵

何为数学化？弗赖登塔尔（H.Freudenthal）强调数学的对象分为两类，一类是真实的客观对象，一类是数学本身。据此，他将数学分为横向数学化和纵向数学化。横向数学化是指客观世界的数学化。一般步骤为现实情境—抽象建模—概括—形式化，目前进行的教学模式都遵循的是这四个阶段。纵向数学化是指横向数学化后，数学问题转化为抽象的数学概念和数学方法，形成公理体系和形式体系，使得数学知识系统变得更加完善。如今，许多教师都只采用横向数学化教学中的形式化教学模式，即仅重视数学化步骤的最后一步，却忽视了前面三个阶段的过程。长此以往使得学生学习知识点的速度很快但遗忘得也很快。

弗赖登塔尔（H.Freudenthal）指出，在数学课堂上，应该避免将知识灌输给学生，而应该让他们通过探索、实践、思考等方式来获取有价值的知识。许多学者都提出了相似的看法，例如勒内·笛卡儿（Rene Descartes）与戈特弗里德·威廉·莱布尼茨（Gottfried Wilhelm Leibniz）都指出，知识并不是种线性的，从上到下演绎的纯粹理性，真理既不是纯粹理性，也不是纯粹经验，而是理性与经验的循环。伊曼努尔·康德（Immanuel Kant）认为，没有经验的概念是空洞的，没有概念的经验是不能构成知识的。

2）数学化的现实意义

通过采用数学化的教育理念，可以使学生的知识更加贴近实际，更有利于他们的理论和应用。这样，他们不仅可以更好地理解"做数学"，还可以更深入地探索和掌握相关的概念，并且可以更好地培养他们的数学素养和价值观。但也有观点认为，数学教育可能会影响到孩子们的未来。通过数学教育，孩子们可以更好地理解和掌握知识，并通过实践和实验，更好地应用所学的内容。这种教育不仅能够帮助孩子们更好地理解和掌握所学的内容，还能够培养他们的独立性和创新能力。乔治·波利亚（George Polya）指出，要想真正掌握数学，就必须要深入研究它的起源，以及它的演变，以便更加深刻的领会它的精髓。除了知识以外，在数学活动中，学生将获得包括数学史、数学审美标准、元认知监控、反思调节等在内的多样化成果。这些内容不仅有利于加深学生对数学价值的认识，而且有利于提高学生的数学素养。增强运用数学的意识和能力绝不是简单地向学生灌输"成品数学"就能达到的效果。从长远来看，要使学生适应职业周期缩短、节奏加快、竞争日趋激烈的未来社会，使数学成为人生发展的有用工具，这意味着数学教育应该给学生一些除了知识之外更内在的东西，即数学的概念和应用数学的意识。因为，如果学生不从事与数学相关的工作，所学的具体数学定理、公式和解题方法大多不会被用到实践中。然而，无论他们从事什么工作，从数学活动中获得的数学思维方法和看待问题的着眼点，以及把现实世界转化为数学模式的习惯，努力揭示事物本质及事物规律的态度，随时随地都在着影响到他们。

2．数学现实思想的内涵及其现实意义

1）数学现实思想的内涵

教师应该利用学生的日常经历和已有的数学知识，为新课程创造出更加生动的情境，这一理念早在半个世纪以前就在弗赖登塔尔（H.Freudenthal）的教育论著中被提出。他重申，教学"应该从数学与它所依附的学生亲身体验的现实之间去寻找联系"，并指出"只有源于现实关系，寓于现实关系的数学，才能使学生明白和学会如何从现实中提出问题与解决问题，

如何将所学知识更好地应用于现实"。弗赖登塔尔（H.Freudenthal 的"数学现实"提出了一种新的数学思维方式，即让学生从客观世界中获取知识，并运用他们的数学能力去探索和理解它。这种方式不仅可以帮助学生更好地理解客观世界，还可以帮助他们更好地应对挑战。教师的职责是深入了解学生的数学能力，并通过不断的指导和培养来提高学生的数学水平。

2）数学现实思想的现实意义

通过分析和探究，在"数学化"课程中，通过提供适合的情景来激发学生的学习兴趣和培养学生的独立思考能力，这样才能达到最佳的教学效果。因此强调，在课程中，通过提供适合的环境，让学生能够根据他们的日常经验和理解，来获得最佳的学习体验，进而培养他们的数学素养和能力。在进行有效教

学时，教师需要充分理解学生在数学方面的需求，并且避免使用任何偏离这些需求或者偏离学生能力水平较大范围内的课程。

3. "有指导的再创造"的思想内涵及其现实意义

1）"有指导的再创造"中"再"的意义及启示

弗赖登塔尔（H.Freudenthal）强调，应当以"有指导的再创造"原则指引，让学生有机会去探索、发现和体验，而不是仅仅局限于教师的讲解和灌输。他认为，通过让学生参与到各种有趣的实践和游戏当中，可以让他们更好的理解和掌握所学的内容。弗赖登塔尔（H.Freudenthal）认为，这是一种最自然、最有效的学习方法。这种以学生的数学现实为基础的创造性学习过程，是让学生重复一些数学发展史上的创造性思维的过程。但它并非亦步亦趋地沿着数学史的发展轨迹让学生在黑暗中摸索前行，而是通过教师的指导，让学生绕开历史上数学前辈们曾经陷入的困境和僵局，避免走他们走过的弯路，浓缩探索的过程，依据学生现有的思维水平，使其沿着一条改良修正的道路快速前进。所以，"再创造"中"再"的关键是：教学中不是简单重复数学相关知识的形成过程，而是结合这一过程，结合教材内容，更要结合学生的认知现实，致力于历史的重建或重构。

如今，许多常规课堂的课时紧，教师自身水平不足，工作负担重，学生压力大等，教师常常用开门见山、直奔主题的方式来进行教学引入，按讲解定义——分析要点——典例示范——布置作业的套路教学，学生则按认真听讲——记忆要点——模仿题型——练习强化的方式日复一日地学习。然而，数学课如果总是以这样的流程来操作，学生失去的将是亲身体验知识形成中对问题的分析与比较，对解决问题中策略的自主选择与评判，对常用手段与方法的提炼与反思的机会。学习数学家的真实思维过程对学生数学能力的发展至关重要。

2）"有指导的再创造"中"有指导"的内涵及现实意义

弗赖登塔尔（H.Freudenthal）强调，学生的"再创造"和"有指导"应该紧密联系起来，以便让学生更好地了解"做数学"的内容，并且让他们更加清晰地了解它们的意义。如果教师没有采取行动，让学生的"再创造"和"有指导"的课程就会变得毫无意义、毫无价值。就像一个盲人尝试着通过自我寻找，找寻一个以往未曾踏足过的领域，也许需要耗费大量精力、经历各种困难才能找到它，然而，也有可能一切都付诸东流。因此，教师作为一个洞悉未来发展趋势的智者，应当一直陪伴着学生，以保证其成长。当一个学生遇到困难时，"有指导"的作用在于协助学生找到解决问题的办法。此外，"有指导"的目的在于协助学生在几节课内了解基本的数学知识，而非仅仅依靠其自身去了解。在"有指导"中，教师提供的协助，在于协助学生更进一步地了解和把握数学的基础，进而最好地使用所学的专业知识。因此，学生的数学学习不仅仅是一种传统的技能，更重要的是一种应用技能。引领他们走向新的方向，需要教师给予他们适当的引导，让他们能够发现新的东西，并且能够从中获益，进而实现一种完美的平衡。当前，教育界存在一种不良现象，即将学生的主观能动性与教师的必要指导相抵触，这与弗赖登塔尔的理念大相径庭。实际上，教师的指导是一种有效的教育方式，它可以帮助学生更好地理解课程内容，并且可以更加有效地激发他们的思考。

第一，在学生处于困惑的状态时，教师应该提供介入。如果没有给学生足够的思考空间，没有让他们经历一段艰辛的探索过程，那么"数学化"教学就没有意义了。但如果教师过早地干预，可能会使学生的知识和技能学得更快，但同时也会使他们更容易忘记。因此，教师应该在学生的思维出现偏差时给予指导，以激发他们的主观能动性，帮助他们在探索中感受到数学思维的独特性和数学方法的魅力。

第二，在"做数学"的活动里面应该采取有效的元认知提示语来引领，以便让学生更加清晰地理解知识，并且能够更有效地实现自己的认知需求。因此，教师应该根据知识的深浅，以及知识点和认知之间的差异，来制定有效的元认知提示语。一名出色的教师需要善于运用元认知提示语。

三、建构主义的数学教育理念

教育心理学正在经历一场前所未有的变革，人们对此的称呼各异，但大多数人都将其称为建构主义学习理论。20 世纪 90 年代以来，建构主义学习理论在西方流行起来。建构主义是行为主义发展到认知主义之后的进一步发展，被誉为当代心理学的一场革命。

（一）建构主义理论概述

1. 建构主义理论

建构主义理论是在让·皮亚杰（Jean Piaget）的"发生认识论"①、利维·维谷斯基（Lev Semenovich Vygotsky）的"文化历史发展理论"②和杰罗姆·布鲁纳（Jerome Seymour Bruner）的"认知结构理论"③的基础上逐渐发展形成的一种新的理论。让·皮亚杰（Jean Piaget）认为，知识是个体与环境交互作用并逐渐建构的结果。在研究儿童认知结构发展中，他还提到了几个重要的概念：同化、顺应和平衡。同化是指当个体受到外部环境刺激时，用原来的图式去同化新环境所提供的信息，以求达到暂时的平衡状态；若原有的图式不能同化新知识，将通过主动修改或构建新的图式来适应环境并达到新的平衡，这个过程即顺应。个体的认知总是在原来的平衡——打破平衡——新的平衡的过程中不断地向更高的状态发展和升级。在让·皮亚杰（Jean Piaget）理论的基础上，各专家和学者从不同的角度对建构主义进行了进一步的阐述和研究。利维·维谷斯基（Lev Semenovich Vygotsky）从文化、历史、心理学等角度研究了人的高级心理机能与"活动""社会交往"之间的密切关系，并最早提出了"最近发展区"理论④。通过这些研究，建构主义理论取得了长足的进步，并且为将其应用于实践教学奠定了坚实的理论基础。

2. 建构主义理论下的数学教学模式

按照建构主义的理念，数学学习要求学生利用他们的既定经历、知识框架来构思、分析、总结，从而形成一个完善的系统，这必须强调学生的主观能力。因此，应该重视学生的主体地位，即既尊重学生的主观能力，又能够充分利用教师的指导、协调等职能。按照建构主义的理念，必须强调：①培养学生的主体地位，让他们自主地思维，从而激发他们的创造力；②让他们通过交流、协商、探究等方式，从已有的知识体系中构建出更加丰富的认知结构，从而更好地掌握新的概念；③教师应该成为学生最可靠的伙伴，为他们提供指

① 俞吾金.简评皮亚杰的发生认识论原理 [J].社会科学杂志，1982（6）：74-75.
② 李雨阳，赵振宇.基于维果茨基文化历史发展理论的物理规律教学 [J].花溪，2021（26）：99-100.
③ 李勇.试析布鲁纳认知结构理论 [J].安顺师范高等专科学校学报，2005（1）：38-39.
④ 虎进万.最近发展区理论与分层教学的实施 [J].学周刊，2018（34）：118-119.

导。他们应该认为，通过把课堂上看似无聊乏味的内容转化为现场活动，可以激发他们对于新事物的兴趣，促使他们更加主动地思考。同时，教师也应该为他们提供充分的机会，为他们提供更有价值的信息，使他们能够更加深入地探究问题。当他们遭受困难或成功时，教师应该及时地提供指导，以便他们能更加有效地完成任务。教师应该鼓励学生，为他们提供更多的发展机会。

数学教学中采用的"建构主义"教学模式是指以学生自主学习为核心，以数学教材为学生知识意义建构的对象，数学教师担任组织者和辅助者，以课堂为载体，让学生在原来的数学知识结构基础上，将新知识与其融为一体，从而引导学生形成新的知识，同时也促进学生数学素养和数学能力的提高。教学的最终目的是让学生主动获取知识并对所获取知识的意义建构。

（二）建构主义学习理论的教育意义

1. 学习的实质是学生的主动建构

根据建构主义的观点，学习并非一种仅仅依靠教师的指导或者被动接受的方式，而是一种需要主动思考、主导性思考的过程。它要求学生根据已有的知识、经历以及观点，主动地去思考、去分析，以及去构想，以便更好地掌握所需的内容，并且随着外界的影响，需要及时做出相应的反应，以便更好地实践所需的知识。通过这种学习，学生不仅能够理解新的知识，还能够将已知的知识进行整合，从而提升学生的能力。

2. 建构主义的知识观和学生观要求教学必须充分尊重学生的学习主体地位

建构主义认为，知识不仅仅是一种解释或假设，而是一种更深层次的概念，它不仅仅是一种抽象的概念，而是一种更加具体的概念，它可以被用来描述和理解现实世界。要想深入理解这些内容，学生需要运用自身的知识和经验，重新构建它们的意义。因此，教师应该引导学生从"生长"中汲取新的知识，以便更好地掌握它们的含义。

3. 课本知识不是唯一的正确答案，学生学习是检验和调整经验的过程

建构主义学习理论指出，课本知识只是一种可以帮助学生更好地理解和应对现实的假设，但它们并不是唯一的正确答案。要想真正掌握这些知识，学

生需要不断地将其与自身的经验系统相结合，以便建立起自己的知识体系。因此，学生在学习知识时，不仅要理解，还要根据自身的实际情况，进行检验和调整，以便更好地掌握这些内容。

学生的思维不仅仅局限于一块白板，他们需要借助自身的经验和知识，去探索和理解新的知识，而不是仅仅依靠一种模式。因此，不应该强迫学生去完全接受知识，也不应该让他们只是机械地模仿和记忆，而应该重视他们如何将新的经验和已有的经验结合起来，从而形成一种新的知识意义。

4. 学习需要走向思维的具体

建构主义学习理论在于驳斥了传统的课堂学习中去情境化的教学方式，并且重视情境性学习和情境性认知，以提高学习效果。它指出，如果仅仅依靠现有的人为创设的教学环境，学生所掌握的知识往往不够深入，但通过模拟真实的情境，让学生更好地掌握所需的信息，进行更有效的思考。要想有效提升学生的学习效果，就需要将他们置身于真实的情境之中，透过实际来深化对课程的理解，从而达到理论与实践的有机融合。

情境学习要求教师给学生布置一些具有挑战性、真实性、略超出学生能力、具有一定复杂性和难度的任务。情境与学生的能力形成积极的不匹配的状态，即认知冲突。在课堂上，学生不应该学习教师事先准备好的知识，而应该在探索和解决问题的过程中从具体走向思考，并能够达到更高的知识层次，即从思维到具体。

5. 有效学习需要在合作的基础上展开

根据建构学习理论，学生会根据各自的视野和经历，从多个层次去构思和探索事物的含义，而没有任何共同的参照系，因此，学生拥有大量的机会去探索和发现，从而获得有价值的信息。此外，学生还能够利用交流、协商和共享的学习环境，拓展视野，提升思维能力，从而获得新的见解，并且能够有效的构建和完善他们的学习体系。通过合作学习，学生可以重新审视他们的想法，并将其结合起来，从而更好地理解并实践所接受的知识。此外，这样的学习模式还可以帮助学生培养出良好的创新意识，从而更好地实现未来的成长目标。教师也可以给予学生充足的指导与帮助。

6. 建构主义的学习观要求课程教学改革

按照建构主义理论来说，教育并非一味地将信息直接传授给学生，而应该让他们在教师的引领下，利用已有的知识与想法，进行有效的建构知识。这种建构，即利用已有的信息与想法，构筑出一个完善的、有机的知识体系。通过让学生参与到课堂活动当中，可以让他们不再只是被动地接受知识。所以在课堂教学的过程中，需要让学生拥有独立思考的能力，并且营造一个让学生能够自主学习的环境。

这种建构只能由学生本人完成，意味着学生是被动的刺激接受者

7. 课程改革取得成效的关键在于建构主义教学观

通过建构主义思想，能够营造包含四大要素：情境、合作、交流和意义建构在内的学习环境。这种思想支持了一种新型的教育模式，即将课堂视为一种主题，教师扮演着组织、引领、协调和推动角色，通过这些元素来激励学生主动思考、主观探索，从而实现他们对当前课题内容的掌握。采用建构主义的课堂设计理念，目前已经发展出多种具体的、高效的、针对性强的课堂活动。

8. 课程改革需要以建构主义的思想培养和培训教师

通过新课程改革，希望教师利用建构主义教学观更好地引领学生学习，并且让他们更加积极地参与到学习当中，教师可以更好地引领学生去探索，并且鼓励他们去创造性地完成他们的建构任务。同时希望教师通过建构学习的训练，建立建构理念，并掌握建构方法，在课堂教学时能够运用建构的方法，激发学生学习的积极主动性，并培养学生进一步探究的能力。

四、初等化教学理念

近年来，随着国家对高等数学教育的日益重视和社会对专业技术人才需求的变化，高等学校迅速发展，招生规模也逐年扩大。这种发展也带来了一个问题，就是学生的文化基础参差不齐。有些学生数学思维能力低，数学思想不完善，学好突出数学思维的高等数学有很大的困难。高校的核心使命在于培养拥有优秀的道德品质、富有创造力的高等科研人员，他们必须拥有在相关行业中的经验，并拥有优秀的科学素养，因此，高校的数学课程满足不同行业的需求必不可少。随着时代的进步，数学已经成为一门极具价值的学科，这对推动社

会发展、推动科技的进步都起到了重要的意义。无论是自然界、人文界还是社会界，都离不开数学的支撑。因此，要把数学纳入到高校教育中，让更多的人掌握这门学科的核心理念，并培养他们的创新能力、分析能力、综合能力，从而更好地服务于国家的经济建设、促进国家的繁荣昌盛。通过加强课堂教育，培养学生的文化素养和就业能力。

从教材上来说，过去的高等数学教材不是很实用。随着 21 世纪的来临，教育部多次举办的全国高等数学教育产业、技术、管理和应用的经验交流会，给予了一个清晰的发展路径，从而推动着高等数学教育的发展。因此，在制订高校的高等数学课程教材的过程中，要求专业的师生们要紧紧围绕着大学的培养目标，精心设计、精心挑选、精炼概括，使之更加具有实践价值，同时又能充分反映数学的理论和实践，使之更加具有可操作性，更加具有可读性和可操作性。针对高等数学的教学，不仅要着眼于其工具性，还要采取有效的课程设置，以便提供多样的、有针对性的课程内容。不仅要把过去的重理论轻应用的观点抛诸脑后，而且要把理论与实践紧密结合起来，加强对基础计算技术与应用能力的培养，以达到最佳的效果。

数学是一种具有深远影响力的技术，它对于培养人的逻辑判断、解决的能力、提升创新意识、激励创新灵感，都有着至关重要的意义。因此，在高校的数学课堂上，应该努力培养学生的数学能力，从而使他们更好地实现自身的目标。数学既是一种实践性的技术，也是一种服务于社会的重要手段，其最大的优势就在于其易懂性和实践性。因此，如果能够将复杂的概念和技术转换成易懂的表达形式，使得学生更容易理解和掌握，这将大大拓展他们的认识面，激励他们的探索求知兴趣和创新能力。

微积分作为现代工程技术与科学管理的基础，在大多数高校中都被视为重点课程，因此，深入探索微积分的应用价值，以及如何有效地推动其在现代社会中的发展，已成为当今社会发展的重中之重。通俗地来看，微积分的初等化意味着在没有深入研究极限理论的情况下，通过对导数、积分的学习，来更好地掌握它们。从历史上看，微积分的出现始于导数、积分，而随着时间的推移，它们逐渐演变成了现在的形式。随着时代的发展，越来越多的人开始关注到变化率的重要性，从而引发出许多复杂的计算过程，这也促进了导数、定积分等概念的出现。而且，通过深入研究，也可以更好地掌握微积分的基本原则，从而更好地运用它们来解决日常的复杂情况。

在初等化微积分中，通过对实际问题的分析引入了可导函数的概念，使学生清楚地看到问题是怎样被提出的，数学概念是如何形成的。对比中学时接触到的用导数描述曲线、切线斜率的问题，使学生了解到同一个问题可以用不同的数学方法去解决的事实，从而有效培养学生的发散思维及探索精神。在高等数学初等化教学中，极限的讲述是描述性的，难度大大下降，体现了数学的简单美。

在微积分的教学中，教师一方面要渗透数学思想，另一方面要掌握学生继续深造的实际情况。所以高等数学中微积分初等化的教学可以进行以下尝试。

1. 微分学部分

微分学部分的教学采取传统微分学的"头"结合初等化教学方式的"尾"的方法，即"头"是传统的教学方式，依次讲授"极限——连续——导数——微分——微分学的应用"，其中极限理论抓住无穷小这个重点，使学生掌握将对极限问题的论证化为对无穷小的讨论的方法；"尾"的教学引入相应的概念，简单介绍可导函数的性质及其与点态导数的关系，把微分的初等化作为微分学教学的最后一步，为后面积分概念的引入及学习积分的计算奠定基础，架起桥梁。此举不仅能使学生获得又一种定义导数的方法，更重要的是可以揭去数学概念神秘的面纱，开阔学生的眼界，丰富学生的数学思维，激发学生敢于思考、探索、创造的自信心。

2. 积分学部分

积分学部分的教学采取初等化积分学的"头"结合传统教学方式的"尾"的讲法。积分学"头"的教学首先通过实际问题驱动，引入、建立公理化的积分概念，再利用可导函数的相关性质推出牛顿——莱布尼茨公式①，解决定积分的计算问题，最后从求曲边梯形面积外包、内填的几何角度，介绍传统的积分思想。如此不但使学生学习了积分知识，而且使学生学习了数学的公理化思想，学习了解决实际问题的不同数学方法，对培养、提高学生的数学素质大有益处。

---

① 易强，吕希元. 牛顿莱布尼茨公式教学方式研究［J］. 课程教育研究，2018（42）：167-168.

由于导数、积分等概念只不过就是一种特殊的极限，若将极限初等化了，导数、积分等自然就可以初等化了，所以可以不改变传统的微积分讲授顺序，只是重点将极限概念初等化，也就是用描述性语言来讲极限。这虽然与传统的微积分教学相比没有太大的改动，但却能使学生对极限有关的知识，不仅有了描述性的、直观的认识，而且还能学会对与极限有关的问题进行证明，达到了培养、提高学生论证数学的思想与能力的目的。

用初等化方法教授高等数学，既符合高校教育的特点，满足高校学生的学习需求，又能让学生掌握应有的高数知识和数学思想，对提高学生的素质十分有益。

第二节　现代信息技术在高校教学中的重要性分析

随着我国信息技术的飞速发展，教育改革的不断深入，现代信息技术被引入到高校数学教育教学中，并在其中起到了至关重要的作用。现代信息技术不仅辅助了数学教学过程，同时也成为数学学习的重要手段。本节首先对比了传统数学教学模式与信息化数学教学模式，然后从交互性、多样性和工具性三个方面阐述了现代信息技术在高校数学教学中的应用。

随着现代信息技术的快速进步，数学已成为大学教育的核心内容，它不仅可以辅助学生更好地了解观念，还可以培养他们的思维能力、综合应用与数据分析能力。这种现代化的教育手段不仅可以提升课程的质量，而且还可以有效地提升师资队伍的素质。在数学课堂上，单纯通过传统的授课模式来讲授抽象的概念和知识框架并不足以帮助学生迅速掌握所需的内容。相反，将这些内容融入信息技术的课堂中，可以协助学生更好地理解和掌握这门课程。

通过利用先进的信息技术，可以更好地掌握各种不同的传播媒介，从而更有针对性地传播知识，激发学生的兴趣，帮助他们更有效地掌握知识。因此，要深入研究如何利用这些先进的传播媒介来支持高校的数学教育工作，以期望通过这些传播媒介来优化教室的氛围，从而更好地适应学生的需求，并最终获得更优秀的教育成果。

一、传统教学模式与信息化教学模式对比分析

在传统的数学教学中，教学的主体是课堂上的教师而不是学生。传统的数学课堂教学只注重知识的传授和书本本身。教师通过"满堂课"向学生传授知识，并通过粗略的测试检验教与学的有效性。这种教学模式强调教师在教学中的主导作用，有利于教师对教学的指挥和控制。传统的数学课堂往往要求学生有相同的标准，这使得教师在课堂上常常忽视学生之间的个体差异。教学主体与客体区分明显，师生之间缺乏协作与互动，导致教学主体垄断、交流形式单一。

随着现代科技的发展，数学教学模式也发生了巨大的变化，它不仅可以让数学语言符号、图形、文字等抽象的教学信息变得更加生动形象，还可以通过声音、动画、视频等媒介，打破传统的课堂结构，营造出一种轻松愉悦的学习氛围。此外，利用科学技术，可以让学生们、更加直观地体验到以往无法实现的教学设计，从而创造出更加逼真的学习情境，从而更好地提高学习效果。通过引入信息化教学，可以大大改善数学课堂的教学过程，提高教学效果。这种方法不仅可以让学生更容易地理解和掌握知识，而且还可以让他们更加积极地参与到课堂活动中来，让他们从被动的学习转变为主动的学习。

二、现代信息技术的交互性可以培养学生学习兴趣

由于数学的严格要求，许多学生可能感到它的抽象、晦涩以及令人疲惫。如果他们没有足够的热忱去探索这门课程，他们的考试分数将很难有所进步，甚至可能导致他们开始质疑自身的学习能力，进而陷入一种被动的、毫无希望的境地。为了激发学生的学习热情，调动学生的潜能，并且使他们能够真正投入到课堂中，进而获取更多的快乐，教师第一步必须重视培养他们的数学学习热情。

随着科学的发展，课堂上的互动式学习已经成为可能。利用各类多媒体工具，如文字、图片、动漫、音乐、游戏等，可以快速、准确地传递学习内容，并且可以根据学生群体的需求，实时地调整学习策略，从而大大提高学习的积极性。现代的交互式学习模式大大提高了效率，学生可以利用现代信息技

术，实现自我学习，从而更加积极地掌握学习内容，并且更容易地纠正自己的学习缺陷，从中获取更多的学习资源，也避免了学生群体只停留在被动的学习状态。

例如，采取多种方式来实施 MOOC 教育，包括：采取有效的互联网搜索、实施小班授课、小班互动、小班小班互动等，以及采取多种形式的 MOOC 课堂活动，以激发学生的兴趣，激发他们的思考，激发他们的创造力，激发他们的潜能，激发他们的创新精神，从而极大地提高他们的学习效果。为了更好地进行数学教育，我们应该预先制定课程目标，让 MOOC 课堂帮助学生搜索有价值的信息，接着让学生参考 MOOC 课堂的内容，从而激发他们的兴趣，获得更多的知识。

三、现代信息技术的多样性可以提高学生的学习能力

通过运用先进的信息技术，可以把抽象的理论变成直观的、可视的、可操作的知识，并且让它们以各种不同的方式呈现出来。这样，就可以让课堂上的知识点、思想、行为、感受等都能够更加直观地呈现出来，让学生能够更加深入地理解课堂上的内容。通过引进信息技术，可以让课堂上的许多相关的实验和练习更加顺利地进行。也能让学生们更好地参与到课堂的各个方面，并且建立一个让他们成为课堂的核心的教学环境。

通过运用互联网技术来构建课堂环境，可以更好地唤醒学生的求知欲，并且可以通过提出更多的问题来帮助学生更好地理解课堂内容。此外，通过参与课堂活动，可以让他们更加熟悉课堂上的知识点。

随着科技的发展，越来越多的学校开始采取各种措施来更好地管理课堂。为了更好地管理学习，我们建议把课堂提问转变为线上问答，并通过微信问卷星的小程序进行随堂测试，方便学生随时随地进行测试。教师可以随时查阅课堂表现，并根据需要随之改变授课方式。此外，学生还可以利用这些信息来检测和改进他们的学习方法，进一步提高他们的学业成绩。

四、现代信息技术的工具性可以培养学生的创新思维

随着科技的发展，传统的教学模式已经不能满足当今社会对于创新思维的

需求。因此，我们应该充分发挥技术的优势，采取更加灵活的教学模式，让课堂上的每一个环节都能发挥出创新性思维，从而更有效地帮助学生建立起完整的知识结构。

通过运用先进的信息科技，可以更加形象地展示课程内容，并且可以深度参与到学生的思维过程之中，使得那些晦涩难懂的概念变得更加清晰易懂，从而让学生更好地把握复杂的事物，并且增强他们的抽象思维及推理能力。在课堂上，我们可以使用互联网技术来帮助学生更好地掌握所需的知识。他们可以将所接触到的资料分解成更小的部分，并将它们结合起来，以便更好地运算。此外，使用这些技术可以帮助他们更好地发现问题，并且增强他们独立思考和解决问题的能力。

通过使用多种方法，能够协助学生更易于了解抽象的概念，比如函数、导数、向量和立体几何。通过使用多媒体教学手段来协助他们把所教授的概念变成实践。这样，他们不仅能够感受到课堂上所讲授的内容，还能够提高自己的理解能力。使用多种媒介，可以更加直观地展现定律的基本概念和实现步骤，从而使学习更加有趣、更加容易接受。

总之，信息技术促进教育理念的变革，现代化信息化技术可以把资源优势最大化地放到数学教育课堂上，教师利用现代化信息技术改进教学手段、改善授课设计，让枯燥无趣的课堂教学具有鲜活性和可视性。现代教育教学环境中，教师要加强对现代信息化技术的理论知识与操作技能，更好地利用教育媒体在课堂教学实践中实施，提高教学表现力和创造力，推动教师更好"教学"、学生更好"学习"。

第三节　高等数学教学在未来的发展

信息技术在教育教学领域的广泛运用，一定程度上改变了高校传统的教学模式，在高等数学教学中，新型教学方式的开展激发了学生学习的兴趣，但同时也使一些问题突显出来。以下主要分析了现阶段高校高等数学教学中存在的问题，最终提出了教育信息化环境下高校高等数学教学的具体策略。

随着我国信息化的持续发展，信息化已经广泛应用于各种范畴之中，其中也包含教育教学方面，信息化应用于授课领域，极大地促进大学教师革新授课方式，为学生带去了全新的学习体验，并且激起他们的求知欲望。提高学生们对于课堂学习效益，然而现阶段我们国家的大学在高等数学授课方面，由于信息技术应用程度较低，致使高等数学教育发展较慢。因此，教育信息化背景下怎样才能开展大学高等数学教育已经是当前我国大学重点研究的话题。

一、高校高等数学教学中存在的问题

（一）应用力度不足

随着信息化技术在教育领域中的大范围使用，现阶段全国各大院校均设置有多媒体课堂，与此同时课堂内也安装有多媒体设备，例如电子白板等，然而大部分数学教师受到传统化教育思想的束缚，其授课过程中依旧沿用常规授课模式，并通过板书进行讲解，忽视对于多媒体以及其他现代化信息化设备的应用，信息化技术应用力度不足导致高等数学学生对于数学学习丧失兴趣。同时数学逻辑性较突出的特点，课程开展较为乏味，常规教学模式极容易挫伤大学生的自信，使大学生学习效率低下。例如，为提高高校数学教学品质，各大院校纷纷搭建网络教育平台，如北大在线等，但高等数学教师受到常规思维禁锢，对于教学并没有进行积极地利用网络教育平台，使数学教学效果变差。

（二）资源质量不等

随着教育信息化背景不断地推进，网络中各类优质课、高等数学课以及高数题库日益增多，丰富的高等数学教育资源一定程度地改善着总体教育教学情况，但因为互联网上各类教育资源质量良莠不齐，同时课堂开放程度有限等，造成教育资源化构建程度不尽如人意，同时由于高校数学教育资源比较充足，造成教育资源重复情况比较普遍。例如，微分方程的教育教学内容，同一网址上存在多个类似甚至同一门课，教育资源过多、重复、质量参差不齐造成高等数学教育效果较差，学生们的课堂学习效率较低。

（三）信息化素养低

信息化技术在教育教学当中被广泛使用，各个学科教师开展信息化授课，在这一环节当中就要求数学教师具备较强的信息化素养。我国大学数学教师的专业水平和受教育程度均较高，但是信息化素养普遍较低，这使得这些数学教师在开展信息化授课当中仅仅采用简单信息化工具来授课，无法将学生集中起来，调动他们的学习动机。高校数学教师的信息化素养低下，导致教师不能运用信息技术提供高效的服务，最后使得大学的数学教育进展迟缓。

（四）自主学习能力差

随着科技的发展，当今大学的学生越来越依赖互联网，从而提升了他们的电脑操作能力，然而，由于年纪和社会背景的限制，大部分学生更偏爱玩乐和消遣，如玩网络游戏、网上购物、聊天等，而没有足够的时间和精力在网上进行学习，从而限制了大部分学生的发展，尤其是当前的大学，由于大部分学生只是把移动终端当作是娱乐的工具，也不会借助网络进行自主学习，导致了高等数学的网络学习效果显著降低。

二、教育信息化背景下高等数学教学在未来的发展策略

（一）搭建发展平台

随着信息化的普及，高等数学教学必须得到更好的推进。因此，学院应该重视信息化的推广，不断增加对信息化的投资，同时也应该努力配备必要的信息化工具和资源，来满足学生的学习需求。此外，学院还应该招募信息化领域的专家来帮助教学，使学生能够更好地掌握数学知识。高等数学学院应该加强相关的学术研究和实践活动，并且应该构建一个高效的数学信息化学习系统，为学生和教师搭建一个可供分享的数学信息化学习空间，从而促进数学学习的深入和广泛，为学生的学习和成长创造良好的条件。

（二）培养自主学习能力

学生应该以主体的角色出发，积极地去理解、研究、尝试、运用和实施，以便更好地把握所学的内容，这也正是当今社会所倡导的一种有效的学习模式。随着信息化的发展，为了使学生具备良好的网络自主学习能力，提升他们的自我学习意识，高校的教育工作者应该抛开旧有的教育方法，采用全面的、具有前瞻性的教育思想，以便让每一个学生都成为课堂的中心。当讲授可降级的高级微分方程时，教师可以采取一些措施来帮助学生理解和掌握相关知识。包括：首先利用多媒体工具来呈现课程教学的目的和重点，帮助学生更好地理解和掌握课堂内容。同时指导学生根据个人的需求来挑选学习内容，并制定相关的学习计划。然后，教师会组织学生通过互联网搜索相关的课程，让学生开始独立探究。在这个过程中，为了更好地指导学生学生，教师应该利用互联网来帮助他们。同时，学生也能树立正确使用互联网的观念。只有如此，才能够真正地促进学生学习的主动性和独立性，从而为高校的数学教育做出贡献。

（三）提升信息化素养

高校数学教师担任着数学教育领军人物，其本身信息技术素养一定程度上左右着数学教育事业的发展，所以，在教育信息化环境下想要促进高校教育事业开展就要提升教师的信息技术水平。高校可以完善师资招聘标准，关注高等数学教师信息技术素养和职业精神，进而提升高校高等数学教育全面信息技术授课水平，同时校内教师院系应主动组织教师参与信息化教育职业精神培养，持续提升教师的信息化水平。另外，高等数学教师还应该主动开展自主学习，通过教材、电子资源和互联网资源不断学习高等数学专业知识和信息化技术，以提高自己信息素养，提升信息化为专业教育服务之能。

总而言之，教育信息化为高校高等数学教学发展提供了重要推动力，教育信息化背景之下高等学校应当主动搭建高等数学教育信息化发展平台，而高等数学教师则应当主动培养学生们的在线自主学习能力，持续提高自己的信息素养，从而促进高等数学教育迅速地发展。

第二章

高等数学教学创新研究

第一节　高等数学教学与学生专业融合创新研究

高等数学是高等教育体系中最为重要的一门基础课程，高等数学知识也几乎会应用到各专业基础课程与职业技能课程中。因此，将高等数学与学生专业融合有利于将高等数学打造成专业基础课程之一；在高等数学教学中开展专业教学，结合学生专业进行授课，可以提升高等数学课程的专业性。下面将针对我国高校的高等数学教学现状，从学生专业发展角度出发，探究如何基于学生专业特点有针对性地安排教学，以提升高等数学教学质量，并实现高等数学与专业的融合。

如今，高等数学在工学、理学以及经济学等领域皆有重要作用，因此高校的高等数学教学应与专业课程紧密联系起来，以促进学生对专业课程的学习。

一、高等数学教学与学生专业融合的价值

高等数学中的很多知识点对学生的专业学习都很重要，很多学生在学习专业课程时都要运用高等数学知识。实现高等数学教学与学生专业的融合，旨在根据各专业对高等数学知识的实际需求，改变常规的高等数学教学方式，突出学生的专业特点，选取合适的教材与教学资源，有针对性地展开高等数学教学，以奠定学生专业学习的基础。对于经管类和理工类专业的学生而言，高等数学的知识点在其后续的专业课程中会反复出现，所以学生在学习高等数学时就应掌握好各种问题的处理技巧，了解数学思想以及逻辑推理方法，为后续专业课程的学习打好基础。

综上所述，高等数学教学应转变传统的知识传授型教学方式，结合学生专业的实际情况，将高等数学课程打造成专业基础课程，让学生学会应用高等数学知识，明白自己为什么要学习高等数学，了解高等数学在整个教学体系中的地位。

二、高等数学教学与学生专业融合的模式

想要达到社会对具有创新性思维以及创新能力的高素质人才的培养要求，高等数学应实现教学方法及教学手段的改革，基于学生专业对其高等数学水平的要求构建新的教学模式。

目前，高等数学教学主要有两种模式，一是分级分层的教学模式，二是与专业课程紧密结合的教学模式。前者的优势在于能兼顾学生的个性差异，有利于促进个体知识水平以及数学能力的提升。分层教学的内容以及方法等都更加注重个体的发展，以个体为教学主体，设计分层教学目标以及实施策略。后者则是要实现基础课程与专业课程的融合，将高等数学课程与专业课程紧密相连，并认为高等数学课程应为专业课程教学服务，应遵循以人为本的原则，引导学生应用数学知识解决专业实际问题。

这两种教学模式各有千秋，无论哪一种都离不开专业课程与高等数学课程的配合，这就意味着高等数学教学不能脱离专业发展，要在教育体系中找好自身的定位，从后续专业课程学习需求、学生现阶段学习水平等入手，将教学内容与相应的专业知识点结合起来，从而挖掘高等数学知识的应用价值，保证高等数学教学能满足学生专业学习与职业发展的需求。

三、高等数学教学与学生专业融合的有效措施

（一）改变学生学习方式，融合专业实际案例

高等数学教学面临的主要问题就是学生学习兴趣低下、缺乏科学的学习方法。多数学生缺乏自主性，没有形成良好的学习习惯，在课堂上难以理解课程知识。因此，教师在解释知识点时，可采用专业相关的实例。例如，在教授导数概念时，针对物理相关专业的学生可用变速展现运动的瞬时速度举例，针对电子专业的学生可用电容元件的电压与电流关系模型举例，通过不同的实例引导学生通过专业知识理解导数，使高等数学教学内容更加贴近专业。

（二）树立专业服务理念，注重课程体系革新

高等数学教师应在融合教学中树立高等数学要为专业服务的教学理念，将高等数学课程的教学目标定在为专业服务上，将自身学科优势作为专业课程开展的切入点，以打破高等数学课程自成体系的现状，走出数学学科的局限。高等数学教学一定要走进专业课程体系，基于数学知识在相关专业问题中的应用，发挥高等数学在专业中的工具性价值，以专业作为课程教学的核心，在教学内容上有所取舍，明确各专业中高等数学课程的教学重点。例如，高等数学课程为电子专业课程服务时，就可以针对感应电动势模型等讲解导数在电子专业中的应用。

（三）结合专业制定教学大纲，实现课程连贯性教学

专业课程教学中的很多课程都是连贯展开的，例如物理专业中的原子物理以及固体物理，还有理论力学、量子力学、电动力学等。所以高等数学课程与学生专业的融合，也要从后续专业课程的安排入手，制定符合专业知识结构与基础知识的教学大纲，合理安排教学计划。高等数学教师应与专业教师深入沟通，了解相关专业需要应用到哪些数学知识，根据学生专业发展的实际需求制定教学大纲，结合专业实际问题安排教学内容，以便学生从自身专业角度去学习与应用高等数学知识，切实将高等数学课程与专业课程联系起来，为今后的专业学习奠定良好基础。

总而言之，基于高等数学课程在专业课程体系中的价值，高等数学教学与学生专业的融合要引入专业实例，不能将数学知识与专业知识分开，教师在讲解高等数学知识的时候应结合相应的专业知识问题，打破课程之间的隔阂。

第二节　高等数学教学与数学建模思想创新研究

在高等数学教学过程中融入建模思想，可打破传统教学模式的限制，使学生在学习数学的过程中更能产生积极心理，提高综合素质。高等数学教师应运

用合理的教学手段，在解题过程中强化学生的建模思想，并不断引导学生对建模思想产生深度认知，从而促进学生数学思维等能力的提高。

高等数学作为一门重要的学科，很多专业都会涉及相关知识，但学习高等数学却有一定的难度。教育工作者也在不断地探寻与研究，想获得更为有效的教学手段以开展高等数学教学工作。基于此，数学建模思想近年来受到了广泛的关注，逐渐被应用到教学中。教师运用数学建模思想可以更好地进行知识的传授，不仅能使学生学到相关理论知识，还可以培养学生的数学、思维，提高解决问题的能力。基于数学建模思想的高等数学教学模式呈现出的优越性使其成为教育界重要的研究课题，下面将论述在实际教学过程中如何更科学、有效地将数学建模思想融入高等数学教学。

一、数学建模思想融入高等数学教学的必要性

所谓的数学建模，实质上就是创建数学模型。数学模型通常指针对某一现象，为达成特定目标而基于其存在的客观规律进行相对简化的假设，并结合相应的数学符号等获得的数学结构。因此，数学建模的过程其实就是运用数学语言对一些现象进行阐述的过程。为此，在高等数学教学过程中运用数学建模思想，一致受到了教育工作者的广泛认可与喜爱。

将数学建模思想融入高等数学教学，在一定程度上优化了传统的教学模式。在过去的很长一段时间内，许多教师在教授高等数学时不太注重培养学生的高等数学应用能力，他们基于常规的教学方法，固化地向学生灌输一些理论知识，遏制了学生的个性发展。随着社会的发展，国家不断进行教育改革，目的是加强对学生素质与能力的培养。

教师在高等数学教学过程中有效融入数学建模思想，可最大限度地调动学生的学习积极性。教师应引导学生在学习数学的过程中勇于提出自己的观点与问题，并帮助学生去寻找解决问题的办法。在这样的教学活动中，教师与学生间会产生良好的互动，教师也会逐渐重视学生数学思维和数学能力的培养。而将数学建模思想融入高等数学教学，可以在很大程度上培养并强化学生的数学思维，使学生懂得运用数学思维去解决在学习数学的过程中遇到的问题。

授人以鱼，不如授人以渔。教师通过在高等数学教学中融入数学建模思

想，可帮助学生养成良好的学习习惯，这对学生终身的学习与发展都有重要意义。

二、基于建模思想的高等数学教学策略

（一）在解题过程中强化建模思想

在高等数学教学过程中，教师应培养学生对各种数学题型形成多样的解题思路，运用不同的方式去解决高等数学中的问题，重视引导学生开动脑筋，运用不同的方式，从不同的角度分析题型，从而找到最优的解题方式。教师也只有更注重培养学生的数学思维能力，才能从根本上提高学生对高等数学的学习兴趣。教师在课堂上对数学理论、概念等知识点进行讲授，并设计相关的练习题来帮助学生理解、吸收知识，是培养建模思想的基础环节，也是较为常用的形式。但学生在不断深入学习高等数学的过程中，终究会遇到更复杂的题型和无法解决的问题。通常部分学生遇到这样的困境时，会采用较为负面的方式去应对，如结合原有的知识结构，利用"蒙"的方法去解题，但这也在侧面折射出学生已初步形成了建模思想。教师在教学过程中遇到这样的情形时，应巧妙利用学生的这种解题思路与心理特征，注意对建模思想的渗透，合理地传授给学生一些解题技巧，帮助学生更好地理解数学知识。例如，运用画图可帮助学生建立清晰的解题思路，运用表格可帮助学生有效排列相关数学信息。教师通过对学生渗透建模思想，帮助学生掌握图形建模等建模方法，逐渐提高学生的学习质量与学习效率。

（二）加强引导学生对建模思想产生深度认知

大学生处于思维较为活跃的时期，也是各种能力培养与提升的黄金时期。他们的记忆能力、理解能力等都较为突出，教师在教学过程中应采用科学的教学方法，去激发学生的学习兴趣与积极性，促进学生能力的提升。若教师不能合理引导，学生则无法进入学习状态，那么即使学生拥有再灵活的思维，也无法更好地吸收知识。教师若仅是灌输知识，就无法达成良好的教学效果。教师应根据学生的心理发展特征与学习需求等，去激发学生对高等

数学的好奇心。在课堂教学过程中，教师应不断丰富教学手段，恰当地渗透数学建模的思想与方法，引导学生借助原有的知识结构对问题进行思考，再根据新学的思想与方法探究问题，从而找到解决问题的办法。当然，教师在向学生提出问题时，要保证问题的有效性，这对培养学生的建模思想至关重要。

教师通过提出相关问题引导学生对数学建模思想产生进一步的认知，这对日后学生在学习高等数学的过程中运用数学建模思想解决问题具有重要的促进作用。同时，教师要注意在讲授相关知识点时科学地渗透数学建模思想，学生在课堂上学习高等数学知识，通过与教师讨论相关问题的解决过程，不断加深对数学建模思想的理解，从而更轻松地学习高等数学。

总之，教师基于数学建模思想开展高等数学教学活动，对学生学习数学具有重要的促进作用，教师应重视激发学生的学习兴趣，在教学过程中渗透数学建模思想，并逐渐加强引导，使学生对数学建模思想产生深度认知，从而提高学习能力。

第三节　高等数学教学与信息技术融合创新研究

高等数学是高校基础课程中的必修课，而传统的教师讲、学生听的教学模式以及粉笔、黑板的传统介质，使得高等数学抽象、复杂的解题过程和思维方式的传输效率并不高，学生对高等数学知识的掌握也极为有限。而信息技术中图文、动画等表现方式就可以解决高等数学知识传输效率低下的问题。另外，信息技术中的资源共享功能更是为高等数学教学创建了一条捷径，为学生和教师、学生和学生之间的交流沟通提供了更为便捷的渠道。信息技术与高等数学的融合是未来高等数学教学发展的趋势和突破的方向。以下就信息技术与高等数学教学的融合意义及实践运用进行相关阐述，为两者的融合提供一些建议和意见。

一、信息技术与高等数学教学融合的意义

信息技术与高等数学教学融合，可以把枯燥、难懂的数学知识转化成图文，甚至是动画，使数学变得有趣，帮助学生建立清晰的逻辑思维关系，高等数学也因此不枯燥。学生自主学习的积极性得到了有效提升，教学效果自然也有所改善。信息技术中的互联网可以让交流沟通的范围扩大到全世界，对同一个问题的见解也可以分享给全世界，学生也可以听到来自全世界的声音。信息技术与高等数学教学的融合，为高等数学的学习和分享搭建了一个良好的平台。

二、信息技术与高等数学教学融合的实践运用

（一）营造教学氛围，提高学生学习积极性

学习数学本身就需要较强的思维能力，而学习高等数学则需要思维能力达到一定的水平。有的学生总是觉得数学太难、太复杂，这时教师便可以利用信息技术的图文、动画等进行数学知识的动态演示，帮助学生理解相应的问题。例如，教授高等数学中的二次曲面问题时，教师可以对二次曲面的定义与特点进行图文处理，把学生需要思考的过程利用动画演示出来。这样做有两个好处：第一，可以吸引学生的注意力；第二，动态的演示过程使数学问题形象化，自然有利于学生的理解。

（二）针对重难点设计微课

微课是教学领域中以信息技术为必要条件的创新教学成果，能够提高学生的学习兴趣，把教学问题进行"碎片式"处理，是一种有效的教学方式。学生可以根据自身实际情况进行针对性学习，降低对难点的恐惧。例如，在高等数学的学习中，一些难点总是会成为学生心里过不去的坎，学生花了很多时间和精力去研究，却依然没能获得相应的成果。教师可以让学生实时反馈难点，再根据反馈的情况制作微课，学生就可以利用课堂之外的时间去重点攻克自己学习上的难点。每个人面临的问题不一样，却可以同时对难点进行攻克，这是信

息技术带来的极大便利。

（三）利用社交软件实现共同学习

信息技术让人与人之间的交流沟通不再受空间的限制，社交软件成了人们生活中重要的交流工具。将这些社交软件运用在高等数学教学中，能够加强学生与教师之间的沟通，学生甚至可以接受其他学校教师的授课，同学之间的交流也变得更加便利。讨论对提高学生的自主学习能力是非常有效的，高等数学教师可以利用信息技术对学生开展个性化教学，知识的传授和讨论不再以教室这个固定的空间和有限的上课时间为主，而是以课外学生与学生、学生与教师之间的交流讨论为主。例如，教师在教学中可以针对不同的问题建立不同的交流群，学生也可以根据自己的情况选择加入一个或者多个交流群，在群里可以向教师提出问题，也可以与同学进行讨论和研究，学生甚至可以利用互联网认识更多校外的学生，让学习群里的氛围更好，讨论更加激烈，对问题的研究也就更透彻。

（四）教师的教学能力与信息技术能力同步发展

通过上述分析可以看出，信息技术赋予高等数学教学的优势已经非常明显，而信息技术能否在高等数学教学领域中发挥促进作用与教师能否掌握信息技术有着非常密切的联系。教师只有具备相应的信息技术能力，才能在实践中将两者完美融合，达到提升高等数学教学效率的目标。因此，对于教师的信息技术培训需与信息技术的教学运用同步进行，这样教师才能及时将信息技术准确运用在教学中。

作为必修课程，高等数学在高等教育中有着重要的地位，而教师利用信息技术进行相关的教学活动，可以显著提高学生的知识掌握程度和学习积极性。因此，高等数学教学工作者应重视二者的有效结合，创新教学方法，提高教学质量，综合提高学生的学习能力，为以后培养学生的逻辑思维奠定基础。

第四节 高等数学教学生活化创新研究

和初高中数学相比，高等数学这门课程具有较强的逻辑性，和实际生活的联系没有那么密切，也正因此，很多学生在学习这门课程时会产生恐惧心理。这种恐惧心理会对学生学习高等数学产生消极影响，因此，这已经成为高等数学教学中所要解决的首要问题。对此，下面将重点对高等数学教学的生活化进行分析和研究，提出几点有效开展高等数学生活化教学的策略。

一、收集高等数学相关实例

所谓高等数学教学生活化，其实就是理论联系实际，通过将理论知识和实际生活联系到一起，可以有效避免高等数学的教学思想僵化。所以高等数学教师要多收集一些和高等数学有关的生活实例，并在知识讲解的过程中将其和课本中的理论知识进行联系，从而让学生感受到所学内容和生活紧密相关，降低学习难度。因此，高等数学教师在教学时，可以先列举几个和本次教学内容相关的生活实例，这不仅能够增加学生对高等数学的了解和认识，还可以增加课堂教学的趣味性。

二、例题讲解生活化

通常情况下，教师在正式教学之前都会对课程的背景知识进行简单介绍，从而调动起学生对本课程的学习兴趣，但是学生的学习兴趣与积极性不会简单地因为一次背景知识介绍就持续到课程结束，所以教师还需要对例题进行生活化处理，以保持学生的学习兴趣，使学生主动参与学习过程。

以高等数学中概率论及数理统计部分为例，这部分知识理解起来比较困难，这时教师可以列举一些学生身边的生活化例子，让学生进行分析和思考。

在对几何概型进行讲解的时候，教师可以将等车不超过一定时间、两人在某一时间的相见概率等实际生活问题作为例题，让学生分析和练习。列举生活化例子可以充分激发学生的学习兴趣，引导学生进行分析和思考。另外，在讲授全概率公式及逆概率公式的时候，为了让学生能够熟练地掌握这两个公式，教师可以将学生在学习过程中的付出和最后取得的成绩作为例子来进行讲解，这不仅可以让学生认识到所学数学知识和实际生活的密切相关性，而且可以让学生知道努力学习的重要性，最终，提高学习积极性。

三、选择合适的教材

因为高等数学是大部分学生都要学习的课程，所以有很多版本的高等数学教材，选择不同的教材对教学质量也会产生不同的影响。这就要求高等数学教师要为学生选择合适的教材进行学习。在选择教材的时候，教师除了要充分考虑学生的实际情况，还要考虑这门课程本身的逻辑性和理论性，如果选择一本单纯讲理论的教材，会让学生在学习的过程中感到非常困难以及枯燥无聊，甚至会产生厌倦和恐惧的心理。所以高等数学教师在对高等数学教材进行选择的时候，应该选择既包含必要的定理及公式，还包括相关的背景知识及实际生活案例的教材，这对实现高等数学教学生活化具有重要意义，同时还可以促使学生在学习的过程中产生良好的学习体验。

四、认真观察和思考生活

高等数学教师作为高等数学知识的教授者，在高等数学教学生活化的过程中发挥着至关重要的作用。为了实现教学生活化，教师必须在课堂教学中列举合适的生活例子，即高等数学教师需要对生活进行仔细观察和思考，找出和课程知识有关的生活实例，然后在教学中为学生讲解，让学生认识到高等数学与实际生活之间的密切联系。学生可能会对相同的一件事产生不同的看法和理解，高等数学教师便可以引导学生进行分析和思考，提升学生的自主学习能力。此外，学生学习高等数学，也要对生活认真观察和思考，因为教师自身的时间和精力是十分有限的，而且高等数学的实际应用有很多，只是依靠教师来寻找和讲解例子太过有限。因此，学生必须在学习的过程中多注意观察、多加思考、多问为什么，善于从生活中去寻找问题、发现问题。

　　总而言之，传统的高等数学教学模式存在较多问题，这要求高等数学教师开展生活化教学，从而有效降低高等数学的学习难度，加强学生对高等数学知识的认识和理解，加深学生对高等数学知识的印象，从而提高高等数学的教学质量。

第三章

高等数学教学模式创新研究

第一节　基于移动教学平台的高等数学教学模式

作为一门具有深远意义的理工院校的公共课，高等数学不仅可以帮助学生更好地掌握逻辑推导、求证分析、推演判断能力，而且还可以激发学生的创造力。因此，提升高等数学的教学水平与教学质量，不仅可以提升学生的学习成绩，还可以为其未来的职业发展提供有益的指导，最终实现高等院校人才的培养。

当前，一些大学对于高等数学在高等教育中的定位不明确，对数学的适量性、充分性的原则呈现片面性的理解，仅依赖于盲目地进行压缩授课课时、删减授课内容，没有明确学习高等数学对培养实用型、应用性、创新性人才具有重要意义的基本事实。而从学生的角度来说，部分学生并不明白研究高等数学能够发挥什么作用，更有甚者认为并不需要研究高等数学，还有学生认为研究高等数学就是浪费时间，觉得高等数学过于抽象化，难以理解，造成学生学习高等数学的热情并不高，出现了一种仅仅是为应付考试才学习高等数学的现象。

一、移动教学平台是提升高等数学教学质量的保障

在过去的几年里，中国教育领域一直在努力使用现代化的媒体工具，以提升教学质量。目前，许多知名大学都在使用慕课平台所提供的高等数学课程。此外，我国高校数学微课程教学设计竞赛也曾连续举办过很多届，并且已经评选出一千多件优秀的作品。随着信息技术的快速发展，通过引进先进的网络教育平台，慕课和微课大大改善了高校的数学教育，极大地提高教育的整体水平。

近年来，由于科技的进步以及人民日益改善的生活条件，智能手机已经成为了许多大学生的必备设备。然而，由于这些设备的普及，许多学生对于手机产生了过度依赖的心理。因此，我们需要采取措施来指导他们正确使

用这些设备，让它们不再仅限于是一种消遣的通讯工具，而是一种促进学业进步的重要工具，这样才能为高等数学教学质量的提升提供有力的学习主体保障。

由于移动互联网的快速发展和智能手机的广泛应用，许多大学都在努力改进他们的网络课堂建设。目前，许多专门针对师生的移动课堂的平台都在推广运行，这些平台都可以帮助学生更好地掌握知识，并且可以更好地帮助教师在课堂上进行更加专业的讲解。

二、基于移动教学平台的高等数学混合式教学模式

通常，移动教学平台包括备课区、课堂区两个区域和互动、作业、话题、资料、测试五大部分。当教师准备授课时，他们可以把所需的材料储存到资料部分，然后制定出课堂的互动活动。此外，当教师需要完成测试任务时，也可以把相应的测试题型发布到移动教育平台中。在平台上，还兼具了考勤、抢答、提问等功能，它们不仅能够鼓励学生进行认真学习，而且也会大大提升课程的质量。

以下以"函数的单调性与曲线的凹凸性"课程为例，它采取了混合式教学模式，利用了移动教学平台，使得学生能够更好地理解和掌握知识。

（一）课前准备阶段

在准备阶段，教师需要对教学内容、方法和体系进行深入的思考，并通过课件和微视频的形式，将其呈现给学生，以便他们能够更好地理解。慕课平台上拥有近千门高等数学课程，教师可以将这些课件和视频上传到资料部分，以便学生们能够更好地进行预习。

按照学生自身的特征与所要学习的高等数学内容，本堂课可以设置试题互动的环节，互动主要分为三方面，分别是学生和学生间的互动、学生和教师间的互动以及学生和资源间的互动。试题互动首先引发的是学生和资源间的互动，然后在教学过程中自然而然地引起学生和教师及学生和学生间的互动。所以从教师的角度来考虑，可以根函数据单调性的教学内容和曲线凹凸性的教学内容来分设不同的课堂互动。

（二）课堂授课阶段

在面授课堂上，教师和学生都将参与到信息的交流过程，以此来实现以学生为中心的教育理念，具体的授课流程如下。

（1）需要教师详细说明本节课的授课内容和教学方法。

（2）在第一小节课中，教师将播放一段关于函数单调性的教学视频，时长约为 10 分钟。随后，将在移动教学平台上发起一个互动式的测验，让学生们在 20 分钟内完成这些测验。然后再在平台上展示大家的测验成果，并选择一些学生进行板书演示，教师和同学们将对这些测验进行点评。最后，再由教师对整节课进行总结。

（3）第二小节课，教师将通过 10 分钟左右的教学视频来讲解曲线的凹凸特征，并通过移动教学平台与同学们一同探讨，以此来提高学生的知识水平。之后再通过 15 分钟的测验，让同学们通过这些试题来检验自己的理论知识，并且由教师对他们的测验作出详细的指导，并对整节课的内容进行总结。

通过改进传统的"满堂灌"的教学模式，希望使教师不再只是传授知识的人，而是能够更好地指导、协调、控制整个课堂。同时，希望每位学生都能够充分参与到课堂的活动之中，并且能够发挥自己的作用。通过让学生进行演示，可以让他们根据自己已有的知识来探究问题，这样他们就能够更好地理解并寻找更有效的答案，这样就能够让课堂更加有趣，并且在无形之中使授课的内容更加丰富。

（三）课后点评阶段

经过一段时间的授课，学生们可以根据个人的能力水平，利用这个平台重新浏览微课视频、课件，从而更加深入地了解所学习的知识点。此外，教师也能够将学生的作业通过这个平台及时地分享出去，让每一位学生都能够轻松地获取到。通过网络，教师能够实时监控学生的学习状态，并且根据其测验的成绩给出准确的评估。此外，教师也能够通过这个平台，为学生提供一个有效的沟通渠道，让他们能够就所面临的挑战、困惑及其他疑惑展开深入的研究。

三、评价与反思

通过进行教学反思，教师也能够从不同的角度和层面来探究和解决教学活动中的各个难题。这样做不仅能够帮助学生良好地理解和掌握知识，还能够帮助教师良好地改进教学方法。例如，通过观看一个 10 分钟的微课，可以发现大部分的学生都能够专心致志地听讲。通过互动和展示，也能发现，尽管"函数的单调性与曲线的凹凸性"的考题涉及到计算和推理，但通过使用智能设备进行交流和作答，能够更加高效地帮助学生理清思路。此外，通过让每个学生都尝试"线上＋线下"混合式的途径来解决同样的提问，能够激发他们的兴趣，提高他们的参与度。教师利用混合式教学模式，能够更加全面地评估学生情况，最后面对存在的问题，也能及时地解决。同时也能够有针对性地完善教学方案，从而更好地指导学生，以期能够实现教学质量的提升。

第二节　基于创新理念的高等数学教学模式

新时代背景下，科学技术逐渐成熟起来，国与国之间的竞争重点转移到创新能力上。各国都认识到创新能力的重要性，都将创新能力当成一种待开发的资源。在此基础上，我国现代化建设必须更加重视并依托人才红利。高等院校是开展高等教育的重要场所，在培养人才创新能力方面发挥着重要作用。高等数学作为高等教育中不可或缺的课程，在培养学生创新意识、创新能力与逻辑思维能力等方面发挥着重要的作用，因此，以培养学生创新能力为核心对高等数学教学模式进行研究，具有重要的理论与实践意义。

一、制约大学生创新能力发展的因素

（一）学校方面

第一，虽然许多高校都开设了内容丰富的高等数学课程，但由于学时紧

张，很难确保学生能够获得足够的学习时间。

第二，一些大学在专业和课程设置方面缺少科学性，无法实现厚基础、宽口径。高等数学即使能够推动专业化人才的培育，但是专业知识不够广泛并不利于学生全面能力开发和培育，也不利于学生自主创新能力的培养。

第三，校内考查方法不够多样化。目前，大部分院校的高等数学考查方式均以期末测试为主。从调研结果中可知，已有一些院校将考查进行了最优化，将期末考试成绩 70%+ 平时成绩 30% 作为判定依据来对学生进行评分，但是仍然不能从根本地改变考查方式单一的状况。

高等数学考查中缺少针对学生学习进程检测，不能合理、科学地对其学习的技能和成绩进行客观评估，单一期末考试缺少开放性和解决应用性题目，缺乏创新技能和解决综合能力的考核。

（二）教师方面

由于传统教育理念的束缚，一些大学教师没有高瞻远瞩的教育观念，没有对教学方法革新方式有所认知，造成教学方法比较落后。教师的思维跟不上当前社会发展脚步，也就不能在教学里面指导学生进行创新。所以，想要培育出学生们的创造性思维，首先就要转变教师的传统教育观念。对于高等数学教师来说，不能仅仅关注知识性结论，而应该基于学生的现实生活情况，关注对知识的探究过程，引领学生进行思考，发掘学生内在潜质能力，以创造性思维来研究与掌握高等数学。

（三）大学生自身方面

第一，虽然一些大学生拥有强烈的创新意识，但他们缺乏利用机遇和条件来实现创新的能力。在现实情况中，大多数学生都拥有创新的热情，并且对于创新有着深入的了解，他们渴望在学习过程中探索出更多的新思路和更先进的学习理念。然而，由于学生缺乏一些创新经验，他们无法在实践中充分创造和利用机会，也无法将经验与知识进行融合，从而无法及时了解高等数学的最新发展趋势，更无法深入理解相关学科之间的联系，这对他们的创新能力的发展构成了极大的影响。

第二，大多数高校学生思想较为敏锐，但是缺少创新性。高校学生由于知识面不够宽泛，无法切实对高校数学和其他学科进行整合，所以，在学习中不能做到举一反三，不能全方位、系统化地看待数学问题。

二、以培养学生创新能力为核心构建高等数学教学模式

（一）整合优化教学内容

高等数学的重要性已经在多个院校的基础课程设置上得到了证明，它的实际应用非常普遍。然而，由于学时设置的局限性，许多学生的学习成绩并不尽如人意。如果仅按照够用原则来安排高等数学的授课，则难以帮助学生更好地掌握和使用所学到的知识。所以为了达到更高水平和更快速地改善教育质量和效果，我们应该根据不同专业领域的特点，综合考虑并加以完善。

1．增加与本专业有关的要领性、理论性内容

尽管高等数学中大部分理论和其证明可能会难以被掌握，且并不适用于实践当中。但为了更好地满足不同专业的需求，教师仍然可以根据专业本身的需求，删除一些繁杂的理论，并添加一些更为实际、更易操作和更富创造力的内容，从而使其成为一门真正的精品课程。当我们面临许多挑战性问题，如应用题或数值问答，教师可以利用课堂上的讨论来帮助学生从多视角、多样化思维来寻找有效的解决方案，从而提升他们的创造性思维。

2．开设数学建模

使用数学建模工具，不仅能培养学生的创造力、想象力和观察力，还有助于其培养创新思维。为了帮助学生更好地理解和运用这些工具，教师需要教会学生怎样使用这些工具，并且培养他们有效地处理复杂的数学问题。通过进行数学建模，能帮助学生更好地应对和解决所面临的挑战，并培养他们的创新性思维。

（二）创新教学方法

如果只关注传统的过程演绎教学模式，而忽略了培养学生更多的创新性思维，那么就会导致学生缺乏思考能力，从而阻碍他们的学习和成长。因此，应

该努力探索更为灵动多变的教学方法，让学习更为具体、更为实用。通过使用各种多样化的工具，如多媒体、数学软件，营造一个有助于提升学生创造性思考的氛围。教师可以通过这种方式来激发他们的独立性，并且给予他们更为宽容的态度，以便他们可以勇敢地挑战传统的认知模式，去探索未知的世界。比如，改变传统的课堂模式，从以往的提问——讨论——答辩——评价的教学结构，到现在的问题——分析——探索——研究——创新（拓展）——评价的方式进行课堂教学。

采用创新的高等数学教学方法，可以从多个角度来实现。

第一，当学习一些抽象的概念和定义时，教师应该帮助学生深刻地探究它们的本质，从而更好地掌握它们。例如，当讲授泰勒公式的时候，多项式近似表示任意函数导入、逼近问题，利用图形展示其误差。此外，教师还要结合一些与数学相关的历史资料，如泰勒（Taylor）、约瑟夫·拉格朗日（Joseph Lagrange）、科林·麦克劳林（Colin Maclaurin）、皮亚诺（Giuseppe Peano）等著名的数学家的个人经历，来帮助学生更好地了解和掌握这些抽象的定义和定义，从而更好地掌握它们。继而引出泰勒中值定理以及拉格朗日余项、麦克劳林余项、皮亚诺余项；最后，让学生深入认识和掌握泰勒公式。

第二，为了更好地传授理论性知识，教师可以将与之相关的历史知识和专业应用的实际问题纳入教学内容，并通过生动形象的例子，让学生能够从中受益。例如，在讲授微分中值定理时，可以不必拘泥于理论证明，而是利用多种动态软件来展示罗尔定理的准确性；此外，可以利用拉格朗日中值定理的几何意义，来更好地传授理论知识，从而更好地帮助学生理解和掌握这些概念。最后通过与中值定理相结合，我们可以用抛射体运动来阐释微分方程的概念，为接下来的学习奠定基础。

第三，为了更好地学习和理解应用性的知识，教师可以采取了研讨式的学习方案。具体来说，组织学生按照学习主题划分成若干小组，每个小组先进行自学，在自学过程中，需要搜集有关的信息，并且通过互动交流，探索和思考，才能达到自学的目的，教师也会在此基础上帮助学生更好地理解和运用所学习到的知识。比如学习导数的运用时，教师会帮助学生将这些基础的理论与商业、经济等领域的实际情况进行结合，并且让其进行更深入的探索。之后会发现，当解决一些复杂的问题，比如说弹性函数、边际成本、边际收入及边际利润等，就能够更好地理解这些概念。通过课堂活动，学生们将充分发挥自己的潜质，运用所获得的知识来探索和应对现实世界，进而提升自身的解题的技巧和创造力。

（三）建立科学合理的评价体系

随着社会的不断发展，传统的高等数学评价方式已经不再适用于现在的教育环境。因此，教师应该采取更加先进的方法，如引入灵活的教育模式，结合多元化的教育资源，构建一个完善的、具有针对性的教育环境，从而有效地促进学生创造性思维的发挥，从而更好地培养学生的创新能力。

1. 注重过程性评价

过程性评价主要分为学生日常学习的表现评价、行为观察评价以及研讨式评价等，评价内容包括学生的课堂表现、上课考勤、作业完成情况，以及研讨式学习过程中的表现等。课堂表现与上课考勤一般用于评价学生学习的参与程度、思考情况以及学习的积极性；作业一般用于评价学生作业完成的情况和作业的质量；研讨式学习表现一般用于掌握小组讨论情况、学生的自主学习情况以及学习态度等。从多个方面对学生进行考查，能够督促学生自主学习，让学生在掌握知识的同时进一步提升自己的创新能力。

2. 注重开放性数学问题的评价

通过分析、研究、比较可以发现，当学生面临一些复杂的、具有挑战性的以及应用性的问题时，能否利用所学的知识解决它，是衡量他们的数学能力的重要标准。为了更好地培养学生的思维方法，可以采取一些有效的措施，将学生分成几个小组，每个小组都可以自己搜索信息，并且彼此交流，从而提升自己的思维水平。经由这样的活动，大大增强学生的沟通技巧和协同配合，同时也可以帮助他们更好地搜索、整理和利用信息，从而有效地拓宽他们的视野，增强他们的综合素质，唤醒他们的求知欲，并且鼓励他们的创造性思维。

3. 弱化期末闭卷考试评价

通过高等数学教育，培养出学生具备良好数学素质和数学创新思维，并且具备良好应对挑战和解决问题的能力。然而，当前，传统的期末闭卷考试仍然占据着重要地位，而且也带来了一些负面影响。为了更好地满足学生的需求，教师需根据他们的专业背景来制作适当的考试。比如，对于普通大众，教师通常会使用常规的考试方式，比如做判断和单项选择；而对于那些需要较高的数学技巧和知识的专业，教师则会增加更多的实际操作，比如解决实际问题和推理。为了更好地衡量学生的表现，教师们需要持续改进和完善他们的评估方法。期末闭卷考试在总评中的占比可以适当降低，并且在选择和评估方面也要进行更多的改进。

社会在高速发展，当前人才的竞争就是创新能力的竞争，因此，培养大学生的创新能力是社会发展的客观需求。而如何更好地培养大学生的创新能力，也是高等院校急需解决的问题。如今我国已步入全民创新创业的深入时期，因此，高等教育必须充分抓住这个机遇，创新教育理念、优化教学方式，不断完善教学内容，建立科学创新的考核体系，以培养学生创新能力为核心，构建完善的高等数学教学模式。

第三节　基于分层教学法的高等数学教学模式

高等数学作为关键性课程，它能够帮助学生更好地理解和掌握知识。然而，随着时代的进步，传统单一的高等数学课程方法并没有适应当今社会的需要。因此，我们应该采取新的措施来更好地适应当今社会的就业市场。本节旨在深入探讨如何利用当前的教学环境，结合学生的学习情况，提出一种新的、具体的、可行的、分层的教学方法，来提升学生的学习效果。

一、现有资源和学生学习状况分析

（一）高等数学现有资源介绍

随着时代的发展，教材已经成为培养优秀人才的重要工具。然而，目前的大部分高等数学课程仍然停留在传统的大众化水平，缺乏与实际需求相匹配的特色。因此，需要采取更加灵活的方式来提升课程的质量，以满足学生的需求。现代高校的数学课堂已经超越了以往的简单模式，它更加注重实践性和实践能力的训练，以满足社会的实际需求，并且能够帮助学生更好地掌握和运用所学的知识，从而更好地实现自身的职业目标，成长为具有创造力和实践能力的复杂系列化的专业型工作者。

（二）学生学习状况分析

尽管学习高等数学的过程可能较为困难，但是现在的学生在学习过程中，数学素养和能力已经得到了很大的提升，他们的学习成绩也在逐步提升。因此，教师在教授学生时，可以采取多种多样的教学策略，如采取分层教学法，结合学生的学习背景、学术能力和学术水平，为他们提供更加全面、系统的学习体验，从而使他们在课堂中更加轻松愉快地掌握知识，从而提升学习成绩。通过加强对学生的实际操作训练，培养他们的创造性思维和独立的思考能力，以促进他们未来的发展。

二、分层教学法在高等数学中应用的依据

心理学家布卢姆（B·S·BLOOM）的"掌握学习"理论① 为分层教学法提供了扎实的理论基础，经过多年的研究和探索，更进一步地将该理念融入到教学中，从而推动了分层教学法的发展。随着社会的发展，越来越多的大学开始采取分层教学法，以满足学生在读书过程中的需要。这种教学法充分考虑了每个学生的不同背景，根据学生的学习需要，将他们按照不同阶段的水平和专业背景，精心设计了教学计划，以激发学生的学习热情，并且可以很好地满足学生的专业需要。通过教学内容的有效分层，可以更好地满足学生的学习需要，并通过多样的教学方法来帮助他们更好地理解和掌握数学知识。其目的在于帮助学生更好地学会运用高等数学知识来解决现代生活中遇到的难题，并且为他们未来的职业发展打下扎实的基础。

---

① 乔慧娟，李楠楠.布卢姆掌握学习的理论释义与现实启示［J］.教育科学研究，2018（5）：53-57.

三、高等数学分层教学实施方案

（一）分层结构

采用分层结构是提升高等数学教学质量的关键，教师应当根据学生的学习特点和专业背景，采取科学合理的分类方式，将学生按照不同的专业进行分类，例如将理工类和文史类学生分开，并且根据不同的专业对高等数学的要求，将学生分配到不同的班级，以达到最佳的教学效果。教学目标和内容各有不同，但最终的目的都是培养学生的高级数学技能和实际应用能力。在实施分层教学时，必须充分考虑各种因素，以确保教学的有效性和实施。

（二）分层教学目标

采取分层教学的方式，旨在帮助学生更好地运用所学的高级数学知识，加深他们的理论素养，拓展他们的逻辑思维，同时也要结合不同的专业领域，着重训练他们如何运用所学的数学技术来处理复杂的现象。通过实施高等数学的分层教学，可以更好地满足现代大学的教学改革需求，并且可以帮助培养学生的实际运用和创新思维。这种教学模式将按照学生的不断成长和进步的趋势，精心设计出一系列具体的实践活动，以帮助他们更好地理解和掌握所涉及的知识，并培养他们的综合运算、推理和实践技巧。

（三）分层教学模式

分层教学是一种创造性的教学方法，旨在帮助学生更好地理解和掌握所学的课程。它通过结合学生的学习背景和教学过程，为学生量身制定计划，以适应他们的教学需要。这种模式注重培养学生的创造力和自主思考能力，并帮助他们更好地利用所学的知识来处理日常的工作和学业。在大多数情况下，大学的课程设置都是基于真实工作和实践经验的。然而，在某些情况下，大多数大学的课程设置更加强调将真实工作经验和知识结合，以提高学生的实际运用能力。

（四）分层评价方式

采用分层教学模式来授课已被证明是符合现代高等教育发展的需求，但是，评估教学效果的关键在于教学评估，因此，应该通过改变教学模式，推动教学评估的改革。尤其是在应用型本科院校，更加重视学生的实际运用能力，强调他们在职业岗位上的技能，而不仅仅局限于传统的考试评估方式。高等数学的学习必须以理论知识和实践应用为基础，以达到分层教学模式的最终目标，以确保学生能够更好地掌握所学知识，并能够在实际工作中运用所学知识。

四、分层教学模式的实践应用

使用分层教学模式时，教师需要特别关注以下几点。首先，教学模式还存在很多不足之处，因为它突破了传统的班级划分，导致教学效率降低。因此，学校应该更好地控制教学，以确保教学质量。其次，随着分层教学模式的推行，教师的素质也必须得到极大的改善。教师除了拥有扎实的基础理论外，更必须拥备良好的实战技巧，以满足现代社会对于复杂技术和创造性思维的需求。最后，教师也必须精心挑选教学材料，运用现代化的教学方式，以调动学生的学习热情，发掘学生的学习潜力，并让他们在学习高等数学的过程中获得更多的成就感。

高等教育改革的实施，加强了对高等数学的重视程度，也使高等数学分层教学法更加有效，特别强调了高等数学的教育功能，即培养学生的创新思维和实践技巧，以及提升他们的综合素质，从而更好地满足社会对高等教育的期望。通过引入分层教学模式和现代教学手段，旨在培养学生的实际应用能力，以期达到更好的教学效果。

第四节 基于微课的高等数学教学模式

结合目前高等数学教学现状以及信息时代学生学习的特点，需构建基于微课视角的高等数学微课模块体系以及教学模式，形成位微不卑、课微不小、步微不慢、效微不薄的效果，以此激发学生学习数学的主动性和积极性，提高高等数学课堂教学质量。

"微课"通常指的是一种特定的在线视频课程，它通过使用教学视频来讲解特定的知识点，例如重点、疑难点等。这种课程通常具有一定的场景性，并且能够满足多种不同的学习需求。近年来，微课技术的发展迅速，它不仅推动了传统的线上线下教育的变革，而且也激发了学生的主观能力，促进了双主体、交互式的师生双向沟通，使得高校的数学教师可以更好地发挥自身的专业性，从而更有效地提升学生的学习效果。

一、微课的特点

微课是一种具有独特优势的新型教育方法，它将互联网和信息技术有机结合，具有"微""精""妙"的特性。它的优势表现为：首先，它的时长较短，基本控制在五到十分钟内，可满足不同需求；其次，它的选题较为灵活，可以围绕重要的知识点和技能，通过有趣的方法深入浅出的讲述。通过细致的教学内容、巧妙的教学设计、丰富多样的教学活动，使得这门微课的"精"得以充分展示。其中，以其独特的"巧"，以及简洁明快的表达，使得学生在观赏这门微课时，可以更加清晰地理解所涉及的知识。

基于"微课"的高等数学教学方法是一种新的教学方法，即在开始之前，教师会向所有的学生发放一份含有微视频、学习任务和参考书的学习材料。这种方法不仅能够帮助他们更好地掌握知识，而且还能够更好地帮助他们回顾和思考问题，具体比较见表3-1。

表3-1　微课与常规课的特点比较

项目	微课	常规课
教学目标	主题突出，有针对性	目标多、针对性弱
教学重点	具体、精确简练	多个重点、不易突出
教学难点	难点碎片化易于逐个击破	难点集中、不易突破
教学内容	单个知识点或者学生反馈疑难点	知识点多
授课容量	几十兆、十几兆	容量大、完整的章节
授课方式	可移动、反复观看视频	一对多、无法重现的面对面讲授
授课时长	10分钟左右	45分钟
课程设计	精致、紧凑、简明扼要、针对性强	时间充裕、节奏缓慢、针对性弱

项目	微课	常规课
教学效果	课前自学、课上优化、课后拓展	课前预习与课后拓展难以保证
教学特色	小步子、多节奏、学生为主体	一步到位、教师为主体
教学场地	任何场所的移动方式进行	学校教室的固定方式
必备设备	计算机、手机、平板电脑等数码产品	计算机、投影仪、黑板或者白板
信息技术要求	较高	较低

二、微课的开发与制作

（一）微课整体制做精细

高等数学教学面向的对象主要是大一新生。刚刚经历高考的学生，对大学的教学模式尚不熟悉，因此在设计微课时应以学生认知的可行性为出发点，力求深入浅出，尽量将高深又枯燥难懂的数学知识，结合学生反馈的疑难点细化分类，用通俗易懂、幽默风趣的语言、学生易接受的方式表达。因此，微课的制作应注意以下几点。首先，一次微课应针对性的少讲知识点，比如可以先讲述一个概念定理等。其次，在微课整体设计中，应善于运用多样化的提问策略，促进学生思考，学生带着问题听课，便于反馈疑难点，这样教师就能进行更有针对性的讲解，提高课堂效率。每段微课结束时，需要一个简短的总结，旨在梳理概括此次微课的要点。再次，为了便于学生理解、吸收知识点，遇到难点可暂停，对会用到的后续内容利用特殊颜色或者放大关键词的方式标示。最后，充分利用学生动手能力强、思维活跃的特点，把学生的创意和灵感融入到微课来，让课堂更有生气，更接地气。

（二）每节课的重难点做成微课

由于高等数学的学科范围广泛，涉及的知识点众多，学生的学习能力较低，缺乏学习积极性，因此，高等数学教师利用七十二学时的课时来教授书中六十小节总共十一章的内容，并需要学生全面深入地学习和掌握这些复杂的概念，显然是远远不够的。为了更好地帮助学生掌握所需的技能，教师应该把所有的重要和关键的内容都编写成简单易懂的微课视频，让学生能够在家里或者网络环境下轻松获取所需的信息。

（三）将章节的疑难点做成微课

随着科技的发展，传统的高等数学教学方法已经发生了巨大的变化。为了更好地帮助学生理解基本的概念，教师开始精心设计各种微型课程，让学生能够更加轻松地学习和理解，并且能够更好地把握复杂的概念和知识，如此才能更好地满足学生的需要。为了提高效率，应建议学生们利用微视频和实际操作来巩固所学习的知识，并能够将所学内容运用于实际应用中。这种方式可以让课堂和实际操作相结合，从而更好地帮助各种水平的学生解决实际的挑战。

（四）将新课的预习做成微课

为了更好地帮助学生理解和掌握新的概念，可以根据他们的专业背景，把每一个部分的内容分解成可操作的任务，并且通过设计一些有趣的小游戏来帮助他们更好地理解和掌握所需的信息。随着信息化的普及，"微课"作为一个全新的教育工具，为大学生提供了更多的阅读资源，让他们可以更加有针对性地进行阅读，并且可以更好地掌握知识，更有助于提高学习的积极性，让他们更加有效地掌握知识，获得更多的学习成就感。

（五）将课后的拓展做成微课

由于学生的理解能力存在差异，传统的课堂教学往往缺乏对数学知识的深入探究、文化熏陶以及实践应用的案例分析，这使得那些渴望获得更高学历的学生们感到无从下手。教师应根据专业知识和学生的实际情况，结合专升本教材，精心挑选出有价值的内容，并将其分类制作成微课，以便为有需求的学生提供更多的学习机会。

三、将微课融入高等数学的教学实践

微课教学在高等院校数学课程中的应用，可以帮助学生更好地理解基础知识，并能够更快地进行计算和实际应用。为了更好地实现这一目标，将在课前、课中和课后三个阶段进行微课教学。

（一）课前教学活动的准备

1. 面向专业需求，合理安排教学内容

为了满足学生的专业特长以及满足社会的实践需求，教师采用了一种以案例、概念、计算为基础的教学方法，让学生在教师的引导下，主动探究，运用所掌握的知识解决各种复杂的问题，从而提升学生应用所学知识解决实践中的挑战的能力。

2. 课前微学习资源包的制作

随着时代发展，传统的教学方法已经不再适用。当前，教师可以采用更加灵活和创新的方法来培养学生。这种方法不仅可以让学生更好地理解和掌握知识，还可以帮助他们更好地实现个人目标。因此，我们应该创建一个导学案和学习指导，帮助学生制订学习计划，并在学习过程中不断探索和实践。针对不同的学习需求，需要从多个角度出发，包括从新课程到 matlab 软件的使用，从而确定学习的核心要素；此外，还要制定一份针对性的学习任务表，以便学生能够更好地理解和掌握所学知识，包括微课视频、课后复习和练习题。教师在上课时会创建一些小型的实践性测试，这些测试不仅能够通过传统的纸笔测试来评估学生对所学内容的理解程度，还能通过在线测试来评估他们对所学内容的掌握情况。

（二）课中教学活动的组织

在课堂上，教师应该重视学生的主导地位，并充分发挥他们的主观能动性。为此，教师应该结合讲授法和小组合作法，使微课教学更加有效。

为了更好地帮助学生，教室可以按照他们自身的数学背景进行划分，并且让他们有一个专属的学习组合。还可以把一些微视频、学习任务表等资料放在互联网上，方便他们随时查看。此外，教师还可以通过集体讨论的方式，让他们更好地理解并运用这些知识。总之通过这些措施，可以更好地帮助学生更好地适应新的环境。使用高等数学信息技术，学生可以通过扫描示范例子来迅速预习，并在课堂外做出相关的填空、选项和应用题。这样，当学生在家时，

教师也能方便地查阅他们所做出的答案。这样，他们不仅不受传统集体授课方式的束缚，而且还可以在课堂外与同伴一起探究，共同完成教师准备的任务。随着科技的发展，教师能够通过这种方式实时监控学习的效果，尤其是针对那些基础较差的学生，能够提供更加专业的一对一指导。

（3）课后学习反馈与过程性评价

由于采用微课模式，可以利用最新的信息化工具来提升效率。这种方法让学生可以在家中和课外自由学习，并且可以透过完成各种学习任务和做一些小测验来加强对知识的掌握。此外，由于高等数学是一项重要的课程，因此它也是学校教育的组成部分。因此，在高等数学的测试中，需要综合考察学生的课堂表现、课后活跃度和协同能力，以及他们在整个学习过程中的表现。只有将课堂和实践有效地融为一体，才能真正实现对学生的有效监督和指导。

综合来看，高等数学的学习是一项极具挑战的工作，许多学生都面临着无从下手、无法理解、不好掌握的困境。因此，本节从微课的角度，探讨了如何更好地利用这一资源，并为推动高校的发展提供有效的指导。尽管高数的教学任务依旧具有极大的挑战性，但教师应该努力把它变成现实，以便能够跟随时代的发展，并且积极探索新的教育方法。为此，应该从多个角度来完善和改善课堂教学，包括通过精心策划的微课和利用现代信息技术来创建精彩的微视频和网络平台。通过采取这些有效措施，可以更好地提高微课的实际应用。

第五节　基于问题驱动法的高等数学教学模式

任务驱动法被认为是一种卓越的高效学习方法，它可以让学生充分参与到学习过程，从而激发学生的学习热情，培养学生的自主学习精神，从而极大地提升学生的学习效果，这一点不容忽视。尽管近年来，我国高等数学教育取得了长足的进步，出现了许多先进的教育理念和方法，但由于人为环境的复杂性，仍然存在许多挑战和困难。因此，如何更好提高高等院校数学教学质量成为教师面临的重大挑战。以下就基于问题驱动的高等数学教学模式进行分析，提出了一些建议。

　　近年来，由于教育改革的推动，中国高等数学教育获得了巨大的进展。新的教学方法和设施得到了广泛采纳，为学生的学习带来了极大的便利。在应用技术型高校新发展理念背景下，要求教师充分激发学生的学习兴趣，营造良好的课堂氛围，多与学生交流，鼓励学生自主学习，更好地提高学生的数学水平。然而，许多教师仅采用传统方式进行教学，无法实时了解学生的学习兴趣和学习需求，导致学生学习效率低、学习质量低。因此，教师需要对实际情况进行合理分析，合理运用问题驱动模式，充分调动学生的自主性，更好地保证教学效果。

一、问题驱动模式的优势分析

　　通过采用问题驱动的方法，更加需要教师关注的是如何激发学生的学习兴趣，满足学生的好奇心，并与教学内容紧密结合。通过将课程的知识与练习相互联系，能够更加有效地培养学生的实际操作技巧，从而更加有效地掌握数学知识。采取以问题为导向的教学方法来指导高等数学课堂可以带来显著的效果。

（一）问题驱动模式的应用能够提高学生的主体地位

　　通过采用以问题为主导的教育模式，能够激发学生的求知欲，让他们有机会独立思考、推理、总结，并运用他们已有的知识去发现新的问题。当他们取得成功时，他们的学习热情也会显著增强，从而有助于他们去探索更多的数学概念，激发他们的求知欲，从而使他们的主观意志变强，从而有助于他们未来的有效学习。过去，由于缺乏及时的反馈，教师只能依靠传统的满堂灌的模式来指导学生，而不能真正理解他们的需求，从而导致学生的学习热情不够，缺乏自觉性，从而影响到他们的学习成果，使得他们无法真正掌握所需的数学知识。通过采用问题驱动的方法，我们将学生视为"主人翁"，重点是鼓励他们自主学习、协作学习、探索学习。教师会根据学生实际制定适当的问卷，指导学生如何应对这些挑战，从而有效地培养学生的学习技巧。通过采取以问题为导向的课堂活动，能够有效激发学生的积极性，使他们更加自信，从而更有可能获得有价值的知识，从而更有利于他们后期的数学学习。

（二）问题驱动模式的应用能够提高学生的数学学习能力

随着新的教育理念的普及，提出每一位学生都具备良好的素质，不仅仅是掌握基本的知识，而且也需要具备创新思维和独立思考的能力，以便有效地推动学生综合素质的培养，进而达到最佳的教育效果。通过采用问题驱动的方式，可以让学生掌握新的学习策略，并且可以从多个层面提升他们的学习效果。因此，需要教师从长期的视野出发，努力提升他们的学习、思考、实践才能，进而使他们的综合数学水平得到提升。数学知识的学习是为了解决实际问题，完善学生的数学知识体系，而问题驱动模式的应用有助于学生灵活运用各种数学知识，构建完整的数学知识体系，从而更好地提高学生的数学成绩，确保教学效果。

（三）问题驱动模式的应用能够提高学生的综合素质

随着时代的发展，以问题为导向的教育方式已经成为当今教育的主要模式。学生不仅要掌握一些基本的专业知识，而且要掌握更多的实践技巧，以便更好地解决实际的问题，并且可以更加深入地探索和思考，从而激发出更多的创造性思维和实践能力。随着时代的发展，教育工作越来越重视实践和创新。学校采取的问题导向的课堂教学方法，使学生的学习情况有所改变，课堂教学氛围变得轻松愉快。此外，课堂教学上的互动和讨论有助于增强师生的互信，激发他们的团队协作精神，并有助于他们的全面发展。

二、在高等数学教学中应用问题驱动模式的方法分析

当我们讨论如何使用问题驱动的方法来授课时，必须仔细研究课堂上的现状，并结合学生的个人特点和喜好来制定有效的方案。这样才能最大限度地利用这种方法来提升课堂效果。

（一）创设教学情景

通常来说，数学课堂上的内容比较乏味且繁琐，如果学生缺乏热情，很难

投入其中，因而无法获得良好的学习体验，进而降低课堂教学的总体品质。因此，当采取问题导向的方法来授课时，要想让课堂气氛活泼，就必须营建适当的教学氛围，引导学生的积极参与，进而大大提高教学的整体质量。想要更好地调动学生兴趣爱好，教师必须根据现场的具体状况，制定出恰到好处的课堂环境，将教学上的难点和疑惑巧妙地结合起来，营建出一个充满趣味的教学氛围，进而帮助学生更好地掌握知识，进一步提高他们的思维技巧和独立思考的能力。

通过采用情境模型，教师会把课堂教学上的任务划分为若干个小步骤，以便让学生们有一种有条理的思维方法，从而使他们有效地探索和运用数学的基本概念，并且累积大量的经验，从而提高他们的综合数学素质。比如，当要求他们解决直线和平面之间的相互作用的概念时，教师就会根据课堂教学的具体要求，制定适当的挑战性任务。在课堂教学上，教师可使用各种工具来展示空间图像，如立方图和三维图。这样，课堂教学氛围就会变得十分热闹，有利于调动学生的学习积极性。在课堂教学上，教师还应该引导学生思索和探索，帮助他们理解科学知识，并提高他们自主思考和分析的能力。

（二）促进学生间的合作

鉴于学生的个体特点和知识面的多元性，教师还需要根据每个人的特点和潜力，采取有针对性的措施，将他们按照自身的特点和兴趣，有针对性地分配小组，让每个人都有机会充分发挥自身的专长，进而达到最佳的教育效果。当探讨圆的方程时，教师首先会根据学生的水平和以优带差的原则来安排课堂。接下来，教师会给出一个挑战性的提问，并鼓励同伴们一起思考和讨论。最终，教师会着重讲解学生不懂的难题，来帮助学生掌握相关的知识。

（三）加强教学反思

通过对课堂内容的深入分析和反省，我们发现，这些知识有助于提升学生的数学水平十分有益。因此，我们应该认真安排课堂时间，激发他们的积极性，同时给予指导和建议，使他们可以更好地了解和把握微分中值定理的概念。比如，我们可以让他们独立完成一些实际的微分中值定理的证明，然后将其归纳总结。接下来，教师会为一些棘手的问题给出专门的指导，并鼓励学生认真思考。教师应该更积极地指导和和同伴们一起讨论，这样才能更有效地促进反省，从而达到优秀的教育水平。

因为数学知识的复杂性，许多教师并没有很好地与学生进行交流，导致他们对课堂内容缺乏兴趣，无法提升学习成绩。采用问题驱动的方法可以帮助他们更好地理解课程内容，并培养他们的独立思考能力。为了有效培养学生的数学思维，教师需要根据具体的课程内容和要求，采取有针对性的方法，运用问题驱动的思维方法，给予充分的指导和支持，从而有效促使学生掌握所需的知识。

第六节　智慧课堂教学理念下高等数学教学模式

为了实现信息化的转型，需要打造一套完善的、具有高度可持续性的、基于互联网的、具有个性化特征的、适用于所有学生的教育体系。这将有助于师生更好地利用专用资源，并促进信息化的普及和传播，为学生带来更多的信息素养和创造力，为社会带来更多的机遇和挑战。

传统的课堂教学模式多注重理论讲授，针对目前学生学情和社会发展，已不能满足学生的学习兴趣和对技能需求。随着新一代信息技术的发展，智慧地球、智慧城市、智慧交通等新思潮不断涌现，当代的信息技术与教育相融合，智慧教育应运而生。因此，在此教育背景下对智慧课堂教学模式进行探索和构建，已经成为高校教育教学改革的当务之急。

一、智慧课堂的概念和特点

智慧课堂是基于移动互联网信息技术手段的应用与课堂教学相融合进行创新的新型教学模式。它打破了轻实践重理论的传统课堂模式，学生可以利用智慧课堂随时随地学习，并朝着数字化、个性化的方向发展，实现了以学生为中心，教师为辅导的教育理念，促进学生的思维能力和创新能力的提升。

智慧课堂具有智能化的教学环境，比如移动终端系统，可以为师生提供一个良好的教学环境，增加课堂的趣味性；在教学中，在原有的教学模式基础上进行改进，可以更好地教育学生；并配套课堂教学资源库，比如教学视频、音频、图片等，学生在课堂上学不懂、学不会的知识，在课后随时随地可以进行巩固学习，实现开放式教学。

二、传统课堂教学模式与智慧课堂教学模式对比分析

在智能课堂的教学模式中，强调的是改变传统的教育理念，让学生在轻松愉快的氛围中获取所有的知识，从简单的讲述到复杂的操作，从基础的概念到复杂的技术，再到实践的应用，教师都在努力帮助学生发展独立性、探究性、实践性，从而让他们在轻松愉快的氛围中获得最大的收获。通过引入先进的科学技术，可以打造一个智能的学习空间，让教师们可以采取各种不同的教学方式，比如分组协作、授课、探究学习和任务驱动。还可以通过提供丰富的学习材料和工具，让学生们有机会进行有趣的交流，并进行多样的考核，让学习成果更加有效。

三、智慧课堂教学模式的构建

（一）智慧课堂教学模式的总体设计

智慧课堂教学模式是在制定智慧目标基础上，由技术支持提供硬件环境，交由课堂教学过程负责实施，采用智慧评价方式对教学效果作出总体评价。智慧课堂教学模式主要包括智慧目标、技术支持、数学过程、智慧评价等要素。其中智慧目标作为课堂模式教学活动的基础，分为总目标和具体教学目标，智慧课堂的总目标是培养学生创新智慧，能够成为智能化时代所需要的新型人才，而具体教学目标是实施教学活动的依据和核心，按照课程内容的层次分为课程目标、主题目标和课时目标三个层次。技术支持是智慧课堂教学过程开展的硬件实现条件，包括移动互联技术、智能移动终端、智慧数据分析、优质学习环境。

课堂教学过程是学习目标实现的基本途径，是整个教学模式的核心，智慧课堂的教学过程分为课前预习反馈、课中立体交流、课后总结拓展三阶段，包含具体教学内容实施步骤。根据不同的学科，教师可以自由进行选择。智慧课堂的教学评价是以真个学习过程数据为基础，智慧评价方式包括形成性评价和总结性评价。形成性评价是全部线上学习活动数据与学生课堂学习表现，两者相结合构成的动态评价。总结性评价采用期末教学活动对学生的整个学期的目标完成情况，以期末测试和学习作品展示为主的评价。

（二）构建新型智慧课堂教学环节设计

1. 预设合理的智慧目标

在智慧课堂中，最重要的工作之一便是确立明确的教学目标。这些目标应该包括课程的知识与能力、过程与方法、情感态度与价值观。因此，教师需要综合考虑各种因素，以及利用现代技术和资源，来确立智慧课堂的教学目标。

2. 铺设智慧课堂技术支持

智慧课堂的构建基础需要信息化技术设备的支撑。无线网、智能电视、智能笔记本电脑和其他移动终端为师生带来便捷的线上交流，使得他们能够在任何场合和任何地方与同伴保持联系。这些设施不仅能够帮助教师更好地完成日常的教育任务，还能为学生提供更多的学习资源，使他们能够更好地与同伴保持联系。除了硬件设施，学校应该也需定制特定的软件，以适应其课程的多样化需求，包括构建课程资料库、搭建教学服务体验平台、建立完善的课程管理体系。

3. 智慧课堂教学过程设计

1）课前预习反馈

在上课之前，教师必须对学生进行学情分析，根据不同学生程度进行预测，按照因材施教原则，为学生定制教学计划。并通过智能检测系统上传微课、视频、动画等学习资料，布置预定任务、测试试题，对学生提出的问题进行解答，与学生互动，对学生提交的答案进行分析判断，进而对教学设计方案进行改进。学生及时下载相关学习资源，与教师互动，遇到不会的知识点要及时提问，完成教师布置的课前预习任务。

2）课中立体交流

根据教学内容要求，教师创设情境，吸引学生注意力，激发学生学习的兴趣，从而导入新课，并在教学平台上发布学习任务。学生要尽量融入课堂情境中，获取新知，登录平台下载任务单，并完成任务。教师辅助巡视，并对学生的预习情况进行点评。

3）课后总结拓展

教师对每个小组完成任务情况进行分类汇总，并进入教学平台对各小组及每位学生的个人表现情况给予评价。学生对本小组任务的完成情况进行互评和自评，教师对各小组的评价信息进行收集整理，进行后期分析。另外教师还要在教学平台上发布知识的拓展任务，学生根据自己情况，选择适合自己的任务并完成。

4）智慧评价方式设计

传统教学评价方式是教师或者学校将学生期末考试成绩作为考核依据进行评价的方式，评价的过程没有考虑。智慧课堂的教学评价是通过大数据分析对评价过程从学期初到学期末的整个过程进行评价，不仅包括教师对学生的评价，还有学生之间及学生本人对自己评价，使考核过程更加的智能化。

总体而言，随着互联网的快速发展，云计算、大数据等新信息技术在教学中的广泛应用，使得智慧课堂的建设成为可能。智慧课堂环境可以有效促进学生主动参与课堂教学，在这种环境下，教师在教学时应以学生为学习主体，鼓励学生主动参与课堂互动。互动式教学对教育教学改革产生了巨大影响，课堂是学生发展核心能力的重要场所，智慧课堂结合了先进的信息技术和设备，成为了广受师生喜爱的课堂。同时，教师也应转变教学观念，注重教与学的紧密结合，充分激发学生的学习热情，促进学生综合素质的提高和教学水平的提高。智慧课堂对学生的积极影响使其受到更多的欢迎。

第四章

高等数学课堂教学创新研究

第一节　高等数学半自主式课堂教学设计与研究

随着信息技术的发展，我们正在迈向一个全新的数字化时代，其中的核心是数字技术。所以，必须加强数学教育的研究，以便更好地促进国家未来发展和提升科技实力。然而，如何有效地改善高等数学课程的教学质量仍然是一项十分艰巨的挑战。随着当今社会的不断变化，传统的教学模式显然无法适应日新月异的教育环境，因此，实施半自主式课堂教学模式成为当务之急，旨在更好地适应社会对优秀人才的期望。

一、当前高等数学教学现状分析

当前，由于学生对高等数学本身的兴趣不足、教师的教学也难以展开，导致了许多令人难以解决的问题。然而，由于高等数学本身的复杂性、抽象度、深刻性和严密的逻辑性，使得它成为了一门需要掌握基本数学概念的重要科目。然而随着大规模的招收，学生的知识和技能存在着明显的差异性，这使得他们的学习水平不一，很难达到正常的学习需求。实际上，许多教师也会把重点放在传授知识方面，只是一味地要求学生死记硬背，从而使得许多学生无法及时掌握所需的内容。由于课堂的局限性，教师通常会只传授教科书里的内容，而忽略其他东西，这导致许多学生的基础知识欠缺，严重影响了他们的学习热情。即便教师详尽地阐述了相关知识点，也让学生无法深入思考，同时缺少了必要的思维训练。从上述内容中可以看出，传统的教育方法存在缺陷，因此，有必要寻找改进的途径。

二、半自主式课堂教学设计

崭新的的教学模式应该是什么样子？这个问题可能会因人而异，但是根据目前的情况来看，衡量它的优劣的标准必须包括吸引力、参与度和开放性。任何能够提高这些指标的措施都应被视为改进方法。半自主式课堂教学，顾名思义，既不是传统意义上的以教师为中心（学生无自主可言），也不是完全意义上的，学生的绝对自主，而是一种中性的合理兼顾。这种兼顾既考虑到学生作为认知者，是建构知识的主体，自主是前提，同时也清楚地指出课堂教学中教师的地位的无法替代性和存在的合理性。以现代教学理念为指导，应制定一套详细的半自主式教学模式，并制定相应的实施方案。

（一）前期准备

针对不同的学生，我们应该采取不一样的方法来帮助他们。一种方法是根据他们的兴趣、水平和能力等特点，把他们划分成五到十人不等的小组。这样，他们就会有机会彼此交流，共同探究，并且有助于增强他们的学习热情，提升他们的学习效果。

在掌握课程体系的基础上，教师应该将教材内容划分为三大块：难、中、易。其中，易、中部分应该留给学生自主学习，如果遇到困难，可以在课堂上进行讨论，教师会进行适当的指导。对于较难的内容，教师应该重点讲解，并给予学生提问、思考和练习的机会。

鉴于学生刚刚接触这门新的课程，应由教师建议学生阅读一些经典的参考书籍，让他们明白，搜集资料对他们的学习至关重要，这既能激发他们的好奇心，又能扩大他们的视野。此外，教师需要提早做好充分的准备，能够更好地迎接新的挑战。

（二）学生角色

随着时代的发展，只依赖于教师讲授的传统教学方式已经逐渐淡出历史舞台，取代的是以学生为主体的教学方法。这种方法使学生掌握了主动权，使学习变得自由，并且让他们拥有了更多的自我发现和探索的空间，从而使他们变成课堂上的主人。通过勇敢地提出问题、激烈的辩论、热情的讨论、甚至是质疑教师的观点，学生不仅能够培养出独立的思考能力，还能够更加全面地掌握所学的内容。

（三）教师角色

如何进行课堂教育，这是构建一个全面的课程体系的核心。随着学生的地位的改变，数学教师的职责从单纯的讲课，转向了指导、辅导、帮助学生。指导的目的在于，既要让学生掌握基本的知识，又要让他们理解其中的难点和疑点，最后要布置适当程度的练习题。随着新的模式的出现，数学教师需要制定有针对性的课程方案，并确定总体发展目标，建立成效测评机制，并总结其中的经验。

（四）效果评估

通过综合评价体系，可以让学生进行自我评估，并通过问卷调查、阶段考核、比较研究和期末测试等方式，来更加全面、客观地了解学生的学习情况。通过比较方法，可以预先确定几个关键参数，例如吸引力、参与度和开放性，并对传统模式和新模式进行比较，以评估它们的效果。在权重分配方面，问卷调查和比较两种方式具有更高的参考价值，因此应该占据 2/3 以上的比例。

综合考虑，半自主式教学模式在当前的教学环境下显示出其独特的优势，它不仅为教学带来新的挑战，更为改革传统的教学模式奠定坚实的基础，它不仅为教学带来更多的创新，更为学生带去更多的机会，从而改变传统的以教师为指导的课堂模式，为学生带去更多的收获。

第二节　高等数学互动式课堂教学设计与研究

传统高等数学课程教育内容、教学方式的陈旧滞后性，不利于强化对学生抽象思维、创新思维的培养建设，而以网络在线教育平台、交互实践教学内容为主的教学流程设计，可以转变长期以来高校重理轻实、忽视学生学习需求的教育弊端。通过借助于互联网在线教育渠道，引入课内外理论知识、实践应用案例的教学内容，可以打造出具有高阶性、创新性和挑战性的高等数学金课课程体系，开发融合文字、图片、视频及音频等演示讲解课程，引导学生参与线上线下的重难点知识学习、实践交流，深化学生抽象思维、逻辑思维及创新能力的塑造培养，提升高等数学教学实效性。

课堂作为教师和学生进行良好互动的重要平台，不仅能够促进师生之间的相互理解和相互信任，还能够激发他们的创造力和想象力，从而提升他们的综合素质。它不仅仅是一个传授知识的场所，更是一个促使师生发挥潜能的舞台，让他们能够更好地发挥自己的作用，从而达到最佳的教育效果。

一、互动式课堂教学特征

（一）交互性

在互动当中双方能够对对方行为做出相应反应，即具有交互性。通过创造有利的情境，教师可以更好地评估学生的表现，并且能够影响他们的认知和情绪。此外，学生也可以通过自身的心理体验和状态，与教师建立互动，从而促进数学课堂的有效发展。师生之间的互动不仅仅是一个短暂的过程，而是一个持续的、相互影响的、具有链式特征的复杂过程。

（二）开放性

传统的课堂教学依赖于教师和学生之间的相互了解和讨论。但由于现代社会，许多人的思维方式发生了改变。因此，为了更好地指导学习，教师应该更加积极地接受和鼓励学生有所突破，打破固化、僵硬的思维，并让他们自由地表达自己的想法，才能更好地实现自己的教学目的。由于互动式教学具有开放性的特点，所以在师生和学生的交流中，每个人的想象力和创造力才能得到极大的激发，才能和所有人完全掌握课堂上的每一个细节，进而让课堂变得更加丰富多彩。

（三）动态生成性

在教育过程中，教师和同学之间的沟通对于他们的成长至关重要。这种沟通具有动态生成性，可以随时发生。动态生成性是对静态预设性的补充与修正，也是教师主导地位转变为学生主体地位的教学观念的转变。教师能依照学生的个性、需求来设计交流的方式，但在实际的交流中，教师往往会遇到一些难题，比如说学生不太愿意配合教师的教学等。然而师生之间的互动，可以更好地了解彼此，并且对课堂教学来说大有益处。所以为了获得更好的互动效果，教师应该按照所要完成的教学内容和教学目标，不断调整教学方式，使课堂更加有趣、有意义。

（四）反思性

通常来说，学习是一个积极探索和创造的过程。学生不仅需要从外部接受信息，还需，发现问题，努力改正。此外，作为教师，应该经常反思课堂上的表现，并根据这些信息来改变教学方式。这样，才能够给学生提供一个良好的学习环境，促使他们与教师进行高效的交流。

二、高等数学互动式课堂教学实践要点

常见的数学教学模式是问答教学法，它旨在激发学生的好奇心与求知欲，从而促进他们更有效地完成学习任务。为了更好地推广数学互动式课堂的理念，我们应该不仅仅局限于课堂授课，还应该让学生参与到课后的讨论中，从各个视角深刻地理解和掌握知识点。为了更有效地达到课堂教学的目标，应该增加教师和学生之间、学生与学生之间的交流频率，共同研究和讨论高等数学的知识点。

（一）巧妙设计教学环节，奠定互动基础

为了让学生更好地理解问题的内涵，教师应该采用互动式课堂教学设计。这样，学生才能更好地理解问题的意义，并且这也是问题教学法取得成功的关键。在传统的数学课堂上，教师往往将学习与实践脱节，将学生置于被动的地位。因此，在创新的理念指导下，教师应该结合课程内容，帮助学生分析问题中的关键信息，掌握知识点和数量关系，从而为探索解决问题的方法奠定基础。

高等数学教师在教授微积分时，可以首先介绍相关科学家的事迹以及微积分的发展历史。说到积分，可以介绍一下中国历史上著名的数学家祖冲之。他

根据出入相补的原理推导出球体公式，这是一个完整的积分想法。说到微分，可以从物理学中的匀速运动来引入。通过介绍微积分的发展历史，激发学生学习的热情，与学生就数学史这一话题展开激烈的讨论，营造数学课堂的活跃氛围，为学生之后的学习奠定坚实的基础。

（二）开展多维互动教学，提升互动质量

在教学过程中，师生应该从多个视角和层面进行有效的交流。为了提高课堂互动的质量，教师应该采取一些措施。

第一，在课堂上，让学生具有主动权，使学生成为学习的主人，积极主动地学习。

第二，通过利用现有的教学资源，如视频和图片，与学生进行互动。

第三，通过微课来辅助课堂，提升教学质量。教师会提供一些预习任务，协助学生通过收看微视频来了解和把握基本概念。然后，教师会安排一些小型活动来协助他们更好地理解和掌握重点内容。特别是在高等数学的教学中，使用微课可以提前预习，协助他们更好地理解和掌握所学内容。

第四，通过教师在课堂上提供更多的互动机会，使得学生们更好地利用其他的学习时间，从而提升自身的参与度、积极性和数学素养。

例如在讲授空间解析几何的内容时，学生可能会发现，对于特殊的曲面，如锥面、柱面等，仅凭想象是不够的。因此，教师应该采用多维互动的教学模式，充分利用多媒体资源，通过实物图像的具体变换，让学生们更直观地理解这些概念，从而更好地掌握数学知识。

（三）及时开展教学评价，强化互动智慧

通过创新理念，教师能够有效地掌握课堂的氛围，同时也能够定期地给予课堂的反馈，从而帮助学生更好地认识到自身的长处和不足，从而激励他们不断提升，克服不足。为了保证课堂的高效性，教师和学生都需要进行互动，通过不断的互动来改善课堂的质量。此外，教师和学生之间的沟通和合作还是一个重要的原因，因为它们之间的关系非常密切，可以互相促进彼此。为了更好地传授复变函数，教师应该安排一节特别的复习课，让学生回忆所学的内容，

比如学习期间学生同教师争论的问题和重点、易错点以及难点内容，来加强他们的认知，从而更好地掌握相关的概念。

在高等数学课上，教师应该积极参与，不仅要将知识传授给学生，还要和他们在思想和情感上有所接触，并且要与他们进行积极互动，以便让他们在课堂上获得更多的知识。所以综合来说，教师应该及时开展教学评估，加强互动，以提高课堂教学的质量。

（四）巩固教学反思，观照互动生命

在创新理念下，教师和学生都需要通过不断的反思来巩固优点，发现自身知识的缺失点，然后努力修补。希望通过教师与学生的交流来激发他们各自的灵感，而非仅仅依靠传统的模式。为了使课堂更加有教学实效，教师应该经常反思自己的授课方式，并且关注每次的互动活动。没有反思的课堂教学注定会失败。学生接受数学知识的过程是一个不断强化、逐步进步的过程。如果学生在数学课上不能有效、及时地反思，对自己的学习有一个客观的评价，那么这样的学习注定是僵化的、机械的，学生以后也很难灵活运用这些知识点。例如，在完成求解常微分方程的教学后，教师可以接受学生的阶段性学习结果，并根据测试结果掌握学生的具体学习情况。如果考试平均分好，说明学生对知识掌握得很好；如果考试平均分好，说明学生对知识的掌握程度好；如果考试平均成绩较差，则说明该学生在课堂上的学习效果不好。这时，教师必须及时与学生沟通，及时了解他们的思想和心理状况，并据此制定下一步的教学计划。当教师和学生共同反思时，可以找出教学中的薄弱环节，并鼓励教师和学生及时加强各自的薄弱环节。这样，数学教师才能保证教学效果，学生才能不断提高学习效率。

即在数学教学中，采用互动式的课堂教学方法显得尤为重要。它能够让学生更主动地参与到讨论中，并且能够不断地发现问题，从而更深入地了解问题。在实际应用中，教师应该精心策划各种课堂活动，为学生创建一个充满活力的、富于创新的、能够激发他们创新精神的空间，从而使他们能够更深入地了解和掌握所学的内容。通过改善课堂内容，教师也可以大幅度提高数学课程的整体质量。

第三节　高等数学课堂教学质量提升研究

总体来说，在教学过程中，教师必须把学生作为课程开展的核心，并且要让他们在自己的指导下积极参与课堂活动。要让他们在探究、质疑的同时，发现并运用教科书里面的数学知识，以便更有效地完成教学任务。同时在课堂上可以采用多样的教学方法，如线上与线下结合的讨论法和教师精讲知识点的方法，帮助他们更好地理解并运用所掌握的知识。

随着时代的发展，数学作为各类学科的基础，对其专业知识的掌握至关重要。然而，由于当今的人才流失，以及科技的飞速进步，造成了学生的学习兴趣逐步减退，使得高校的教育环境变得越来越复杂。因此，我们应该采取有效措施，以改善当前的状况，例如，加强对基础知识的培养，让学生更加自信地投入到学习之中，同时也要给予他们更多的支持，以便他们能够更有效地掌握知识，并且能够更加深入地理解知识。以服务于社会为宗旨，数学研究应当成为一项重大任务。高等数学教育旨在培养出更多优秀的人才，其中最重要的一环便是教师，他们需要以一种全新、多样化、富有创新性的视角，将知识传授给每一位学子，以满足他们对知识掌握程度及能力水平的需求，从而实现自身价值，完成自己肩负的伟大使命。

一、注重培养学生课前预习课后复习的习惯

（一）当前高等数学教学的现状

当前，高等数学教学一直存在着诸多挑战，如教学任务繁重、教学总时数不足、学生感受到课程进度过快，而这些问题又是教师无法改变的，出现教师在前面领跑，学生在后面紧追的现象，导致许多学生感受到学习压力过大，甚至有些学生因为不努力而中途掉队，即使有些学生跟上了学习进度也会觉得一路走来非常艰辛，许多知识还没被清晰地理解。

（二）提高任课教师对课前预习和课后复习的重视

为了更好地协助学生理解知识点，培养他们独立阅读和理解信息的能力，教师应该精心策划和组织课堂，以便有助于他们更加清晰明了，更加主动，更加深入地探究知识，更加全面、系统地理解知识点，有足够的时间完成任务。学习乐趣是非常重要的，但是如果学生没能享受到快乐，就可能将大部分的教学压力都堆积在课堂中，这样就无法充分地理解知识点，同时还可能增加教学的困难。因此，教师需要采取措施，比如定期向学生展示多媒体课件，有助于学生更快地理解知识点，以便更快地顺利完成教学工作。这样，教学就可以更轻松愉快地进行，同时还可以减轻教学的压力，使教学更加轻松愉快。另外，及时安排课后复习是非常重要的，因为它可以有助于更全面、准确的理解课程内容，并且可能会给出适当的练习题来协助学生加深印象。为了避免课堂上所学内容被忽略，教师应该认真对待课后复习，特别是对于完成作业进行详细指导。通过认真执行，并且保证持之以恒，能够帮助学生建立起良好的学习自信。

二、注重作业讲评工作，提高学生知识理解成效

（一）作业的详批、全改及讲评是提高教学质量的重要手段

教师虽然能通过提出问题、审阅作业的方式来发现学生学习方面的不足。教师需要及时仔细地审查作业，并从中发现其中的错误、优点及不同之处，并进行适当的点评。教师定期进行讲评，并向同学们传递有关信息，帮助他们纠正自己的缺陷，避免再次犯同样的错误。那么怎样让作业的讲评工作更加完善，首先，应该认真审查每粉作业，并且要做到祥改、全改，及时纠正错误，避免影响接下来的课堂。其次，应该及时讲评所布置的作业，进一步指导学生的学习，使他们的思路更加明确。应该尽量减少将这个环节放置于每一节课的开头，以及放置于课堂之外，以确保问题能够及早被发现，并且能够及早被解决，以便更好地推动教学的发展。

（二）提高学生的学习质量，鼓励学生之间开展作业讲评

此外，教师应采用合适的教学方式进行指导，帮助学生更好地完成作业。应建议将所有课程安排成一个小队，并且让几位学生定期参与讲评工作。通过这种方式，不仅可以帮助学生更好地掌握知识，而且可以更好地监视他们是否按计划完成任务。此外，还可以通过互相讨论、互相帮助、互相解答，帮助他们更好地完成任务。另外在长期的教育实践中发现，只要学生坚定地进行讨论式的学习活动，期末考试的分数就一定会得到显著的改善。

三、注重习题课在教学中独特的作用

（一）通过习题课去拓展学生学习的深度和广度

习题课旨在将传统的课堂教学、实践操作以及课外自主学习紧密相连，以框架的形式将重要的概念、技巧、方法等整合到一起，并且给出适当的示范性答案，以帮助学生掌握基础概念，加强他们的思维，拓展他们的视野，从而获得较好的掌握效果。拓宽学生的思维范围，使其更有信心，更有动力追求进步。只有不断地深入理解所掌握的知识，并结合实践经验，不断地熟悉解决问题的方法，才能真正掌握所需的技术，并将其应用于实际工作中，以达成最佳效果。为了提高学生的技能水平，我们需要给他们充分的时间进行训练。通过反复的训练，我们可以让学生的知识更加牢固，并且可以帮助他们更好地理解所学内容。因此，成功的教师需要认真考虑如何将训练与学生的学习相结合。

（二）以学生为习题课的主体，培养学生的创新思维能力

对于大学的授课形式、讲课进度、讲课方式，大一新生往往不适应，最突出的表现是学生感觉作业和书后习题做起来比较困难。解决这个矛盾的有效途径除了通过精选有代表性的例题融入到理论的讲解和讲评作业中之外，还可以充分利用习题课这个大舞台，使学生掌握各种基本运算方法和技巧。上习题课时，要不断地启发学生，不断拓展学生的思维，锻炼学生不拘于一个答案，不断地寻求新的题解，鼓励学生大胆创新，并尝试一题多解、开阔思路，对一些

典型题安排学生讨论，可以各持己见，培养学生的发散思维能力、吃苦耐劳的精神和坚韧不拔的性格，这种方式做到了以生为本，调动了学生的主动学习的积极性，让学生学得主动、学得活泼是教师永远遵守的一个教学原则。

教师需要认真负责，精心挑选适当的练习来帮助学生掌握知识。同时需要与教材保持高度联系，激励他们探究新知识，帮助他们更好地理解所面临的挑战。教师尽量选择一些解题多、应用性强的综合练习，让学生从不同角度寻求解决问题的步骤和方法，不断培养学生的思维方法。教师还应该持续努力帮助学生发展他们的创造性思考，让他们从实践中获益。

（三）合理选择例题，从不同侧面提升学生解决问题的能力

尽管抽象的概念、定理可能会让人感到困惑，但通过实际案例可以帮助学生更快更好地掌握知识。所以，教师应该根据不同情况，将案例划分成两类：一类是可供学生更好理解、更直观掌握的，可能会更轻松、更实际；另一类则可能会更复杂，需要更多细节来帮助他们更好地掌握。为了让学生掌握基本的数学概念，并且增强他们的解决实践中的问题的能力，需要挑选出那些既易懂又具备较强计算技术的、具备较低的难度的例子。因此，恰当地挑选出与课程内容相符的例子，将会极大地反映出教师的教学质量。

习题课更应该注重激发学生们的学术思维，启发自主思考。宏观地说，就是培育个体性以发挥其的自主性，启发其创造性、责任心，锻炼其运用数学解决现实世界之能。习作课更加应该留给学生们宽广的余地和时光，使学生思辨能力得到充分的成长空间。

四、线上线下融合教学

（一）网络教学手段的应用，提升了教学的空间和质量

近年来，由于网络的快速普及，QQ 群、微信群等社交媒体的出现，使得教与学之间的交流变得便捷，也使得课堂气氛变得活跃起来。学生的疑惑得到及时的回复，教师的回复也变得及时有效，课堂气氛变得活跃起来，从而极大地推进了教学的效率，也激励了教育改革的进步。作为教育工作者，我们应该

积极运用我们的课堂资源，帮助学生更有效地完成课业。我们还应该及时发现并解决课堂上出现的各种问题，从而建立起良好的课堂氛围。

现阶段，许多在线教育平台得到了发展，将在线与传统的课堂方式相结合，为课堂带来全新的活力。在这些平台中，人们不仅能够进行语音交流，还能进行视频对讲，甚至还能进行在线直播。教师和学生之间能够进行语音和视频交流来提高交流效率。教师还能够展现自己的技能，比如制定有趣的游戏和策略，并且能够为所有的学生带来有趣的体验。此外，教师还能够利用这个平台为所有的学生群体带来更多的功能，比如进行有个性的游戏和活动，让他们能够更好地理解和掌握知识。教师还能够根据每个学生群体的表现来决定是否要提出更多的帮助和支持，并且能够为每个学生群体提出个体化的评价和建议。由于使用互联网，教师不仅能够采用随机抽样的方式向学生发起询问，还能够收集和整理课程内容，并且能够利用实时的视频和语音来更好地了解学习情况。此外，还能够利用互联网为学生提出更多的课后服务，如答疑、练习和考核。

（二）提高教师网络教学能力，让教学充满色彩

企业微信号、腾讯课堂、腾讯会议、QQ 视频电话、超星学习通、雨课堂、钉钉等这类各具特点的教学平台的利用，逼迫着授课教师学习新知识、接受新事物、增加新知识，另一方面也能够增强授课教师自身授课实践化开展能力，使得授课教师授课更具张力，而又进而为学生学以致用起到正向推动的功效。所以即使有线下教学，教师对于网络授课工具、授课方法等也不能放弃，应该充分利用其自身优势和特色，力争每一章内容末尾的时候安排一次网络在线教学，以补偿线下授课课时不足的遗憾。

此外，还应加强学生考前线上线下的辅导工作。无论是什么样的教学方式，最终教与学的效果必须通过考试来检验，而考前辅导至关重要。考前辅导要系统总结所学知识，既全面复习，又抓住重点，既巩固基础，又突出应用。辅导时，教师应有意识、有目的地将一些能深刻反映知识水平、突出重点的典型题型呈现在学生面前，并利用课堂练习、网络教学等手段，让学生更好地掌握知识脉络，达到一体化的目的。为了更好地实现这一教学目标，教师应充分利用课后课外辅导的教学环节，抓住机会组织学生，使他们的复习更加有序有效。同时，也应避免坐在教研室为学生解答问题，影响学生复习的系统性和积极性。

五、加强高等数学教学与思政融合教学成效

（一）高等数学融入思政内容的意义

近些年，由于招生规模的迅速增加，生源的大幅缩减，使得学生的整体素养大幅下滑。其中最明显的是，许多学生的数学知识薄弱，缺乏良好的学习态度，以及自私自利的心态，无法将其学习、实践和服务于社会发展，导致上课时迟到、早退、旷课、玩电脑等情况日益增多，而且还存在大量的作业抄袭和缺乏团队精神的情况，从而对学生的发展造成极大的负面影响。通过将思政理念纳入高等数学的教学，可以显著改善学生的思维发展，使其具备更好的道德修养，从而更好地实现振兴中华民族的宏愿。因此，作为一名教师，应该肩负起传授知识的重任，同时也要培养学生的道德观念，使其具备良好的心理素养，从而使其具备更好的发展潜力，从而实现国家的发展目标。

作为社会的未来，大学生肩负着建设中国未来的使命，他们的世界观、人生观和价值观正处于一个极其重要的转折点，为了培养这样的优秀的人才，要把数学教学纳入到思想道德教育中，显得尤为迫切。通过将思想政治教育纳入高中数学课堂，能够激发学生的热情，帮助他们建构健康的人生观和价值观，激励他们勤奋好学的态度，让他们意识到高等数学的重大意义，并且有意愿去探索和实践。

（二）课程思政融入高等数学教学的方法与途径

作为大学的重要组成部分，高等数学的教学必须充分考虑到培养学生的素质和创新精神，并将其作为培养社会责任感的重点。因此，必须努力将其纳入到各种社会活动和实践项目之中，让它们和思想政治课程保持有机的联系。教师应该承担起推动课堂思想的责任，将这种理念融入到日常工作当中。教师要勇于承担思想政治教育重任，把思想政治教育融入整个教学过程，努力实现知

识传授、能力发展、素质教育并行。思想政治课程不仅是当代环境的需要，也是培养德智体全面发展的社会主义事业建设者和接班人的需要。数学思政课可以帮助大学生树立正确的数学观，强化数学精神和数学思维。数学精神不仅指数学的理性精神，更重要的是数学科学家致力于科学事业的科学精神和不断进步的创新精神。数学教师必须在教学过程中深入挖掘科学精神、创新精神的素材，并将这些通过数学思政课传递给学生。数学是一门有着悠久历史的学科。它是数学家通过不断探索和研究形成的文化、智慧和知识。科学精神是科学家在不断创新、创新过程中形成的务实、冒险精神。高等数学教师可以讲解数学故事，及时将数学史融入教学过程，介绍数学家的名闻轶事和重大数学事件，鼓励大学生勤奋学习，积极主动，勇于探索奥秘。科学知识，培养创新意识。让学生学习他们追求卓越、敢于探索的进取精神，激励学生克服困难、努力拼搏、攀登高峰、立志成才。尤其是当学生遇到挫折时，用数学家的拼搏精神鼓励他们，给予他们信心和勇气，培养他们的乐观精神和抗挫折能力，遇到困难不退缩，陷入低谷不沮丧，不畏艰难险阻，勇于创新。

以立德树人的理念为核心，将其融入高等数学的整体教学之中，以此来引导学生的潜力，从而达成教书育人的根本宗旨。此外，还为高等数学的发展注入了新的活力，让其具有更加丰富的内容和深刻的意义。为了达到教书育人的最终目的，教师需要将理念与知识结合起来，以便让每个孩子都拥有良好的心理健康。当今的教育已经超越了传授知识的层次，它应该注重培养孩子的创造性、探索性、勤劳性以及对未来的信心，以便让学生在智慧、情感、能力等方面都得到充分的提升，从而为建设美好的未来做出贡献。

第五章

高等数学教学方法创新应用研究

第一节　高等数学教学的方法与素质教育

高等数学是一门系统、复杂的学科，教师要本着够用、必需的原则开展教学活动，以此突出教学重点核心概念，让学生扎实掌握高等数学理论知识，并且利用理论知识解决实际问题。同时，教师还可以结合思政案例、数学史知识、数学建模思想来讲解高等数学知识，重视精讲和导学的整合，借助互联网优化高等数学教学过程，以此引发学生的深度探究、实践运用，让学生在学习知识的同时提升素养，培育良好的思考、学习习惯，将来成为社会、企业发展需要的高素质创新型人才。对高等数学教学方法展开探究，希望对于高等数学教育改革提供启示和借鉴。

一、高等数学教学方法探索

（一）在教学活动中融入数学建模思想

在数学教学中，应该强调将数学建模理念纳入到课堂内容之中，以此来提升学生的数学思考和推理能力，并鼓励他们进行创造性的探索。这样，他们才会有效地运用数学知识，并且对数学有着深刻的理解和广泛的应用。

1. 明确融入数学建模思想的原则

在进行高等数学教学时，教师应该牢记将数学建模思维纳入其中的重点，以便充分发挥其作用。此外，教师还应该注意区别不同的内容，并且弄清楚它们之间的相互影响。教师还应该根据学生的不同背景，选择合适的方法进行授课，例如，针对理工类的学生，可以使用一些实用的方法，比如运用计算机进行计算机辅助设计。为了更好地指导学生，教师必须精心设计课堂，并将数学理论与实际操作紧密联系起来。这样才能帮助他们更好地理解并运用已有的知识，从而提高他们的数学水平。同时，教师还必须注重将理论与现实世界联系起来，使得他们能够更好地运用所学的知识去处理日常生活中的问题，从而培养他们的创造力。教师应该按照一定的顺序和目标来指导，当遇到较容易的数学问题时，可以使用数学建模的方法来帮助他们理解。如果他们能够基本理解这些方法，就可以开始探究较复杂的数学问题，并且通过不断练习来提高他们的能力。

2. 把数学建模思想应用在实际案例中

对于高等数学教师来说，教师需要将数学模型思维应用在现实情境当中，从而既能指导学生们巩固数学知识，还能培养学生知识运用技巧、解题技巧技巧，培育学生较好地学科素养。比如微积分模块中，教师讲授函数极大值、最大值问题时，可以出示水果最佳采摘时间模式、最佳行驶速度模式案例；微分方程课程活动时，教师可以展示传染病模式、学生寝室规划模式等等，而利用数学软件使学生们感悟数学建模思想，利用数学建模思维来分析案例、解决难题，锻炼他们创造性地思考、批判性地思考。

（二）重视精讲和导学的整合

在高等数学教育中，教师应该注意将精讲与指导相结合，以便最好地协助学生理解、消化吸收所学知识点。然而，采用传统方式进行授课可能不够有意义，因此需要更多的关注与思考。此外，授课也应该有针对性，避免浪费太多的时间与精力，以免造成学习上的困难。由于一些教师急于把课程进行到最后，他们只是简单地复述课本中的内容，这样就使得许多学生难以理解并掌握所需的知识点，从而降低他们的学习效果。因此，教师应该采取精讲与导学综合的方式，结合传统的授课方式，引领他们深入研究数学，从而获得丰富的学习体验与技能。在授课过程中，教师应该尽可能快地传授重点内容，并合理安排学习时间。在指导学生学习的阶段，教师应该首先提供一些具有代表性的、关键性的例子，比如数学实验、数学定理公式、数学概念。这些内容旨在有助于学生培养独立学习的能力，并培养他们的批判性思考与推理能力。当学生们碰到困难的数学概念或者难题时，教师应该鼓励他们进行团队协作和探究，比如说，当他们需要求解曲面积分和曲线积分的计算公式，教师可以利用图表的形式，将微元法的结果展示出来，并且鼓励他们一起猜测罗尔定理、拉格朗日定理和柯西定理，从而更进一步地理解多种有效的证明技巧。只有做到精讲与导学的结合，才能使学生们把握关键、核心知识，拥有自主探究、练习、思考的能力，同时还能营造融洽数学课堂气氛，培养多种学科思维能力，促进他们综合素质成长。

（三）在高等数学教学中应用思政案例

在传统院校的数学授课中，一般都是教师单方面地讲授知识点、练习题，学生们缺少独立思考、自主实践的时机。所以，教师应该重视高校数学授课改革，带领学生们探究性地学习理论内容，具备自身独特的见解性与创新性。教师可将高等数学教学中应用思政课案例，让学生们通过学知识、积经验来提高自己素养，改善自己的综合素养，纠正学业态度。

1. 灵活选择案例，启发学生

在高等数学专业课上，想要结合思政课例并展现其价值性、作用性，需要教师灵活地选取案例，注重激励学生们，让学生变成班级授课主力军，触发学生自主性地进行实践和反思，提升高等数学教学质量。首先，教师需要根据学生们实际状况，精心选择相应思政课案例，使学生们通过分析案例达到深入领悟的效果，从而加深对高等数学专业知识的了解与记忆。教师需要选择一些有趣、实用性强的高等数学思政课例，激励学生们探究、学习的欲望，促进其进行深度研究、反思。与此同时，教师需要注意思政课例的真实性，并联系现实生活问题引出教授的知识。教师选取思政课实例时，要结合学生所学专业选取合适的案例。

2. 增强思政案例的趣味性

为了达到最佳的教学效果，我们需要将思政案例融入到高等数学课堂上，以激发学生的兴趣，帮助他们积极地去探究、实践、运用，从而形成一个有机的、全面的、有意义的课程体验。为了激发学生的学习兴趣，教师应该利用有趣的思政实际情境，将课堂上的问题与实际情况进行结合，从而达到答案和学生的认知处于相悖状态。这时教师应该运用级数的概念，不仅帮助学生更好地理解数学历史，而且也有利于拓宽他们的知识面，从而提高高等数学课程的效果。

（四）基于互联网背景优化教学过程

1．构建信息化教育平台

为了更好地提升高等数学课堂的效果，教师应该充分利用互联网技术，打造一个完善的信息化教育环境，使得课堂内外的教学资源能够有效地融入，从而更好地满足不同学生的个性化学习需求。

通过使用互联网，学生能够获得丰富的学习材料，并且根据个人的学习需求和兴趣爱好，通过主动学习和复习来加强对高等数学的理解。

针对不同的学生需求，教师应该根据他们的个性化需求，精心设计出具体的高级数学微课，以帮助他们深入理解和掌握所需的知识，使他们的数学思维变得更为全面、深刻。

为了提高学习效果，教师应该根据课程的特点，精心挑选并优化课程的内容。这些课程可以以多种方式呈现，包括声像、图像、文字、游戏、多媒体、多模块学习、自主学习、模拟测试等。这些方法可以帮助学生扩大自己的学习范围，并且能够帮助他们提高自己的学习能力。

2．优化教学策略与模式

随着科技的发展，在这个信息爆炸的时代，为了充分发挥互联网的潜力，教师们应该不断改进课堂的方法和内容，使之更加有趣、易懂。

首先，教师应该采取翻转教学模式，鼓励学生在网络环境中进行自主预习和学习，从而有效地减少课堂导入和预习的时间，并将更多的精力投入到解决复杂的数学问题上，从而培养学生的独立学习能力和学科思维能力。

随着互联网技术的发展，教师应该更加注重对学生的指导，加强与学生之间的交流，及时发现学生在学习高等数学时遇到的问题，并给予有效的帮助，以提升学生的学习成果和效率。

通过利用互联网技术，可以大幅度提升教育效率，并且可以通过多种方法来评估学生的表现。这样，就可以更加全面地评估他们的学业表现，并帮助他们发现自身的问题，培养出良好的学习方法和思维习惯。为了提高效率，教师应该使用互联网来搭建一个与学生的交流平台。这样，学生就能在课后寻求教师的指导，并且能够在这种环境中促进彼此的发展，从而获得更优秀的数学教育结果。

（五）在课堂教学中运用概念图、思维导图

由于高等数学课程涵盖了大量的数学概念与定律，若是没有进行适当的组织与梳理，就会影响到学生的学习兴趣，从而削弱他们对掌握、运用、发挥的能力。为了解决这一问题，教师可以采取一些措施，例如使用概念图、思维导图来清晰地展示课程内容，以帮助他们快速掌握，并且能够建立起一个完善的知识结构。随着互联网的发展，Mindmaster 软件为教师们带来了一种新的方式来创建有价值的信息，这种信息能够帮助教师们将知识点组织成有意义的模型，从而使他们能够有针对性地进行讲解，从而使他们的学习过程变得有条不紊，从而大大提升了他们的学习成果，同时也有利于培养他们的创新能力。

1. 在备课、预习环节运用概念图

利用概念图进行备课、预习，能够为后续教学工作奠定基础。

为了提升高等数学的教学质量，教师们应该摒弃传统的死记硬背的方式，而是采用更加灵活的方法，如利用概念图来引导学生更好地掌握基础知识，并且通过精细的设计，使复杂的问题更加易于解决，从而达到更好的教育目的。通过使用概念图，可以更好地阐述定积分的基础和特征。例如，用一个爱心来表达其中的实际意义，用一个五角星来突出其中的关键和重点，用一个旗帜来表达其中的困惑。这样，就能更好地帮助学生们总结和归纳所有的知识，并且更加有效地掌握这门课的主题。通过使用概念图来准备和复习，可以为接下来的授课打下坚实的基础。

2. 利用思维导图导出教学知识

通过使用思维导图，可以清晰地呈现一元函数的微积分学以及它们之间的相互作用，从而有助于学生建立起一个全面的、系统的、完备的数学知识结构。这种学习模式不仅可以帮助学生了解一元函数的微积分学，还可以有助于他们了解其他类型的数学问题。教师通过画出二重积分的概念图，帮助学生比较好地理解和掌握这一知识。

通过使用思维导图、概念图等工具，我们可以帮助学生们梳理出所需的知识，并且培养他们的独立性，提高他们的创新能力，从而培养他们的独立性，并养成良好的思考习惯。

（六）在高等数学教学中渗透数学史知识

高等数学作为一门重要的科目，其中涵盖的概念、原则、规律和实验结果都十分丰富，但由于其复杂性和抽象性，许多学生仍在以死板的方式去掌握，从而导致他们的学习效果不佳。为了更好地传授高等数学的基础概念，教师应该采用多种多样的方式和手段，将数学史的相关内容融入到课堂上，使得学生不仅能够深入地领会课程的基本概念，还能够更加深刻地体会到课程所包含的语言、精神、观点、方法和思维，从而开阔他们的眼界，增强他们的学习热情，获得更加完整的认知。

1. 教师要增加自身的知识储备

在高等数学课堂上，如果希望让学生更好地理解历史，就需要不断努力，不断拓展他们的历史观。教师，应该不断努力，不断完善专业能力，以便更好地帮助他们理解历史，培养他们的创新思维，激发他们的创新热情，让他们更好地掌握历史，从而更好地应用到实际工作当中。以更加有效的方法取代以往枯燥乏味的课堂模式，以让学生更加热衷于探索和体会的方式去获取知识和技能。

2. 把数学史知识融入高等数学教学活动中

通过将数学史的理论与实践相结合，我们能够更好地帮助学生理解和掌握高等数学的基本概念和原理。例如，当我们讨论皮埃尔德·费马（Pierrede Fermat）的定理时，我们可以通过他的著作和研究成果，帮助他更好地理解这个定理的发展历程和发明者。同样地，当我们讨论牛顿－莱布尼兹公式的概念时，我们也应该结合牛顿的著作和莱布尼兹的研究成果，帮助他更好地理解这个公式的定义和应用。教师应该首先向学生阐明，这个公式并非戈特弗里德·威廉·莱布尼茨（GottfriedWilhelm Leibniz）和艾萨克·牛顿共同发现的，它们都是在他们的祖国进行的，同样的，它们的发现的时间顺序也相同。此外，教师应该告诉学生，艾萨克·牛顿（IsaacNewton）最初的发现源于他的祖国，他们共同努力，最终发现这个公式。戈特弗里德·威廉·莱布尼茨（gottfri edwi lhelm lei bni z）的发现表明，知识间有着密切的联系，他的发现可以帮助我们更好地掌握微积分的知识，并且可以通过探索现象，加深我们的认知。

因此，教师不仅要负责传授基础的高等数学理论，更加注重培养学生的创新意识、创造性思维、知识运用技巧，并且积极推进课堂教学的变革，使用更加符合学生的表现形式，如通过各种形式多样的讨论，使得课堂更加活泼，激发学习积极性，调动他们的探索求知欲，从而构建一个健康的、全面的、科学的、高效的高等数学课堂。通过激励和指导，帮助学生实现自我价值，培养他们的职业技能，以便他们未来更有效地应对各种挑战。

二、高等数学教学中开展素质教育的途径分析

高等院校的教育目标已从传授知识技能向素质教育转变；高等教育也逐渐从提高技能向培养素质教育转变。通过多种教学方法，创新教学模式，提高学生综合能力，可以有效发现解决数学素质教育的缺陷，从而进一步达到高等院校教育优化的目的。高等数学在实施德育和人的发展中起着基础性和主导的作用，数学课程素质教学应是知识传授、素质培养和品格培养的统一。目前，高校数学课程与素质建设的结合还存在不足。深刻理解数学文化的教育功能和素质教育深度融合的内在逻辑，研究数学素养培养与素质教育融合的教学，是数学课程素质教育取得实效的要求和途径。以下对高等数学教学中开展素质教育的途径进行研究分析。

数学是一种充满活力的艺术，它不仅体现出人类的智慧，也是一种探索、实践、理解和表达的能力，它不仅是一种文明的象征，更是一种追求卓越的动力，它不仅是一种理念，更是一种修身立业的必备品质。为了更好地促进大学生的全面成长，政府颁布了《关于深入推动大学生素质教育的通知》。这项政策旨在帮助大学生进行更好地理解并贯彻高校的教育之中，并在日常生活中更为重视培养大学生的创造力。我们将继续不屈不挠地奋斗，避免形式主义的干扰。数学素质教育的目标应该是让课堂充满活力，既能够传递知识，又能够提升人的道德修养。但目前，我们的大学数学素质教育还没能达到这样的水平，缺乏将学术研究、课程设计、课堂活动等结合起来的完整的课程模型。。为了更好地促进素质教育的发展，我们必须进一步全面地理解数学文化和它们之间的联系，并且要从根本上探索如何将这两者有机结合起来，以达到最佳的教学结果。

（一）素质教育的基本内涵

在实施高等数学素质教育的进程中，我们必须清楚地认识到，它并非一门独立的课程，更非一个单一的活动，它需要在整个教学体系当中，把素质教育的思想和方法纳入其中，并且在每一个阶段都能够得以体现，从而构筑一个完整的、有机的、多层次的、有效的人才培养体系。为了促进素质教育，我们需要让大学教师清楚地理解它的宗旨，并努力让它成为一种有效且可持续发展的方式。

在当今社会，素质教育的重中之重在于每一位从事这一领域工作的专家。他们必须将提升自身的道德品质放在最重要的位置，并以身作则，以身传范，激励学生树立良好的价值观、追求卓越的目标。

然后是，素质教育的实施需要以不同的形式来进行。而课堂教学则可以作为一种重要的渠道，用来培养学生的综合性、创新性、实践性以及实践性，从而为素质教育的发展奠定坚实的基础。因此，教师们需要根据自身的专业背景，充分利用这些资源，努力探究并实施素质教育。

在促进素质教育发展方面，完善的评估体系至关重要。这一体系应该围绕培养优秀的道德品格和能力来构建，并通过对教师、同学和其他相关方的评估来实现。从而帮助高等数学教师更好地运用教与学来提高和培养教育学生，以此达到良好的效果。

综上所述，素质教育旨在通过深入探索、实践操作、实践评估等方式，把价值观指导融入到专业教学中，帮助学生实现自身潜能，实现学生个性化、创新性发展，从而推动他们在社会中获得更多机会，实现自身潜能，实现自身价值。高等数学是一门复杂的综合性学科，其中包括许多不同的概念，例如，线性代数、解析几何、微积分、微分方程、级数等。在许多领域，这门课程都非常受欢迎，尤其在金融和理工等专业。为了更好地指导学生，教师在讲解高等数学时，重点关注其所包括的价值引导和知识传授。形成了全课程育人的新局面，实现了无声育人、以德育人的效果。一方面，高等数学具有高度的抽象性和严谨性。在这种情况下，高等数学很难开展素质建设。尽管高等数学课程有助于探索概念、定理的本质，并且蕴藏着深刻的哲学思考，但另一方面，在进行教学的过程中教师更重视传授知识，而忽略对学生的教育工作。随着时代的进步，大学的招生制度越渐完善，学生结构也在改变，他们的文化背景也各有不同。对此，在高等数学课程教学中要挖掘素质要素并充分融合，从而充分发挥高等数学的教育功能。教师应该把素质教育作为一种全面的教育方式，从教学中的每一个细节出发，将数学文化和思想文化进行有机地融合，以此来不断提升学生的数学能力和核心素养。

（二）高等数学实施素质教育的可行性

1. 高等数学为素质教育提供契机

据悉，高等数学作为一门具有深远含义的理论性和实践性的基本课程，通常会被纳入到大学第一年的课程之中。这门课的开始及其深入，对于许多人来说都具有极其重要的意义，因而，教师们应该努力发挥其独特的优势，以提升其教育水平。

2. 广泛的高等数学知识

在高等数学课堂上，师生会接触到大量的相关概念和理论，其中不乏一些深刻的哲理。通过掌握这些基础的概念和理论，教师可以帮助学生建立正确的价值观，提升自己的逻辑能力，为未来的职业规划打下坚实的基础。

3. 高等数学具有丰富的文化底蕴

高等数学拥有丰富的历史资源，它的各种理论、思想、方法都深植于古代社会。通过研究高等数学这门课，不仅能够更好地了解它的学科发展，还能够更深入地探索它的历史环境，从而更好地融入当下的社会。应该鼓励学生去深入研究数学问题，从而激发出学生更多的学习热情。这既能够拓宽学生的视野，又能够激励他们去挑战自我，勇敢地去追求更高的目标。

其次是在古代的中国，出现了许多令人叹为观止的数学成果，如算盘、圆周率、勾股定理等，它们不仅能够激发学生们的自豪感，更能让他们深刻领略到中华传统的精髓。

高等数学拥有巨大的潜能，因此，我们应该充分利用它的优势，让它成为一门充满活力的课程。为了让学生更好地接受这门课程，我们应该让他们了解到数学家的伟大贡献，并且鼓励他们勇于探索、勇于挑战难题。

（三）高等数学课程与素质教育现状和存在的问题分析

随着时代的发展，高等院校的高等数学素质教育已经取得了显著的成果，但仍有许多挑战需要克服，其中最突出的几个方面是：

1. 教师方面

尽管许多教师都在努力推进素质教育，但仍然存在着许多问题。其中，许多教师并未充分了解这些概念，他们更加关注知识的传递，而忽略了培养学生的个性特点。此外，许多教师的素质教育水平也需要进一步提高，他们的课程安排可能会显得比较死板，无法让学生感受到真正的乐趣。因此，需要努力培养教师们的创新思维，让他们在实践中更加自信地完成教学工作。

2. 教学内容方面

由于教学时间的局限性，一些教师只顾着把握当前的知识点，而忽略了更深层次的素养，从而导致素养教育的实施效率低下，甚至无法达到预期的目标。因此，目前的高等院校应该建立一套全面、科学、实用的素养教育体系，以提供更加全面、深入的培养。

3. 课程标准方面

随着我国对高校素质教育的重视，许多高校已经对高等数学课程标准进行了修订，并加入了一些素质教育元素。然而，这些标准并没有清晰地指出素质教育的目标，教学过程中的设计也需要改进。此外，在考核评价体系中，也缺乏合理、完整和全面的评价细则，这使得德育在这方面的作用仍然需要进一步加强。

（四）高等数学素质教育建设的探索与实践策略

1. 加强对高等数学教师的指引

教师是学生发展的引路人，教师的言行对学生产生着不可忽视的影响。为充分展现素质教育在高等院校数学课堂中的价值，教师必须注重自身的素质建设。

首先，教师要提升自身素质教育教学水平。随着时代的进步，我们越来越清楚地意识到，通过加强课程素质教育，可以有效地提升高等数学教学的整体水平。因此，我们应当把握机遇，积极推进素质教育，以期让它真正落地，并将其融入当代的教学工作中，以满足社会对优秀人才的需求。通过实施素质教育，可以有效推动学生的身心健康，并且有利于他们的全面发展。因此，学校应采取措施来支持并鼓励数学教师不断提升素质教育教学水平。

之后必须努力改善数学教师的专业技能，让他们更好地指导和传授课程。学校也应该积极开展一些针对教师的专业培训，让教师更好地了解课程，并且让课程更加符合当今社会的实际情况。除了提供有关当前热门议题的指导，学校还应该鼓励教师把这些知识运用于日常的数学教学之中，同时也要通过各种形式的交流与互动，如志愿者服务、参观访谈、社区实践等，让教师更加全面地认识当下的现状，从而更好地提升自身的理论水平与道德修养。

最终，高等数学包含了大量的知识，但学习时间较短。教师的工作态度和风格对学生有很大的影响。教师应该以考试评分、作业批改、课后答疑、课堂教学等多种方式来激励学生，为学生树立良好的榜样。在课前，他们应该认真备课，多次讲解，以便学生能够更好地理解所学的知识。在课堂上，学生应该提前进入教室，以便更好地体验数学教师的严谨态度和认真态度。在教学过程中，教师应该保持良好的教学方式，如板书整洁、文字流畅、声音洪亮，以便帮助学生进入正确的学习状态。此外，素质教育的隐性教育不仅涉及到思想素质的培养，也涉及到教师的言传身教。因此，学校应该引导数学教师，树立良好的工作态度，优化工作作风，通过自身的思想道德表现来指导和教育学生，促进他们的成长。

2. 创新素质教育教学形式

在高等数学教学中，思想素质教育的融入和整合不仅仅局限于理论课程，而是要深入探索数学知识与思想素质要素之间的关联，让学生能够从中获取更多的知识，从而更好地发挥思想素质要素的潜力，并在教师的指导下，实现更全面、更有效的教学效果。在教学中，数学教师应该充分利用高等数学的实用性、逻辑性、严谨性和广泛性，将其与思想素质相结合，以思想方法和理论知识为基础，引导学生形成严谨的思维模式，培养他们追求卓越、认真负责、正确判断是非、坚定信念的科学精神。结合能力培养与知识教学，将德育要素纳入其中，不偏离其中，不偏袒任何一方，坚持以少而精的原则，使思想素质要素发挥出最大的效果。

通过提供更有效的教学方式能够帮助教师们摆脱应试主义的束缚，并且让他们更加关注于培养学生的思维能力。这需要我们从根本上摒弃过时的理论讲解，而是采用有效的指导手段，以便让学生能够更加积极地参与到课堂活动之中。。为了更好地指导和培养学生的价值观，教师应该采用多种方法，包括任务驱动、问题驱动、小组合作和讨论等，让他们从实践活动中掌握和发展课程的价值观。此外，教师还应该把社会责任感等价值观纳入考试、教材和课堂内容中，让价值观和知识的传播更加紧密地结合起来。通过将课堂教材与思想素质要素有机结合，教师能够更好地帮助学生掌握各种思想素质要素，并且能够根据他们的年龄、能力、兴趣等因素，灵活运用多种方式来探索、实践。此外，教师还要结合当下的时事政治、经济发展等，把握时代脉搏，把握时代发展趋势，从而更好的引导学生掌握有关的思想素质要素。通过国际学术界和产业界的资源优势，我们可以实现互补式的教育，从而丰富课堂的知识体系，提升学生的综合能力。通过改革教学方式，我们可以克服专业教学对于培养学生思想素质的局限，让各种研究成果和应用成果成为培养学生思想素质的新基础，从而提升高等数学课程的实际效果。

3. 深入挖掘素质教育元素

深度探究并有效运用思想素质教育元素对于构筑高校数学课堂的核心价值观至关重要，也是确保数学教师能够有效地传授知识的基础。因此，数学教师需要积极开发、整理、运用各种有价值的信息，并且在教学中加以运用，以期取得最佳的效果。

第一，加强对古代、当代、近代、现代高等数学的认知，并将古代的知识、技术、经验、精神、价值观及文化精髓纳入到当代的思维模式之中，使之更加符合时代的发展需求。此外，还应当结合当代的社会环境、价值取向、道义准则，使之更加丰富多彩。在数学课堂上，教师可以借助于深入研究数学家们的精湛技艺、优秀的品行以及令人振奋的故事，来帮助学生们深刻领会并体会到思维品格培训的独特之处。

第二，为了更好地培养学生的数理能力，我们应该把数学理论与实际应用结合。例如，讲解级数理论是可以帮助他们理解如何通过有限的视野去探索世界的奥秘。同样，我们也应该重视积分的概念，它涉及到取极限、逼近和、不断代入、最大化小的否定过程的否定。通过引导学生运用辩证思维来理解问题，教师能够帮助他们提高思维能力。未来，教师应该把这种数理能力作为一种重要的思维工具，并且帮助学生形成正确的辩证思维。这样，就能够让学生的思维能力得到充分的发展，并且能够为学生的未来发展打下坚实的基础。

数学教育和素养教育紧密联系起来是现阶段的大学数学教学的主要方向。这不仅有利于我们培养出具备良好的综合能力的杰出人才，也使教育更加注重实践性和素质性。因此，教育工作重点放在素质教育的实现上，并且要与数学教育紧密联系起来，从而让学生们更好地掌握知识。在当今社会，必须把德育作为基础，将其纳入到高等院校的数学教学中，并将其作为一个整体来努力提升。要不断探索和创新，并积极采用最佳的方法来提升教师的数学水平，从而使高等数学教育能够在素质教育的大环境中得到充分的发挥。

第二节　高等数学教学之微课的应用

传统的高等数学教学模式大多过于枯燥，再加上高等数学本身就晦涩难懂，很多学生在面对该学科时望而却步。随着信息技术的发展，国内兴起了微课教学，这为高等数学教学提供了新的教学思路。将微课应用到高等数学教学中，能够生动形象地向学生展示一堂课的重难点知识，从而增强学生的学习积极性，加深他们对该部分知识的印象。因此，将微课教学应用到高等数学教学中具有现实意义。

一、微课的概念

"微课"的全称为"微型视频课程"，这种形式通常包括了对某些重要内容和技能的讲解，如学科知识点、例题习题、疑难问题、实验操作。通俗地讲，这种形式通常指教师通过制作视频，把某些内容和技能传授给学生，从而帮助他们理解和掌握。根据微课的定义，它们通常具有较为紧凑、清晰的特点，其中的视频通常只有 10 分钟左右，而且具有较高的专业度和实用价值。

二、微课的优势

随着现代教育技术的不断进步，微课已经成为了传统教学模式的重要补充，并且具有显著的优势。

（一）时间短，减轻学生学习压力

随着现代教育技术的发展，传统的教室教育模式已经发生了巨大的变化，它的教室空间变得更加宽敞，使得教师更加容易控制教室的课堂氛围，从而更好地帮助学生掌握所需的信息。此外，教师还利用 20 分钟的教学黄金空间，让学生有更多的机会去深入思考，从而更好地理解所需的内容。通过采用微课的方法，我们能够更加有效地满足学生的学习需求，让他们能够在有限的十几分钟内专心致志地聆听、深入思考并完成相应的作业。此外，采用这种方法还能够有效地缓解学生的学业负担，让他们能够更加积极地投入到课程的学习之中，并最终掌握所需的知识。

（二）实现资源共享，有利于教师队伍的整体发展

随着科技的发展，微课已经成为一种非常受欢迎的教育形式。它通过采用各种摄影、录音、视频、文字、图片、音乐、游戏模拟等多种方式，将知识进行传播，让学生们更加轻松地掌握知识，同时也让他们更加轻松地获取到所需的信息，从而极大地提升了资源的利用效果。新手教师可以通过微课等方式了解更多的教学技巧，并且可以通过网络查阅有经验的教师们的授课方法，以及其它相关资料，以便更加提高自身的教学水平。此外，通过参加微课，教师还可以更加专注于自身的工作，并且可以更加积极主动的参加各种教育活动，以此推动教师的专业化和职业化。

三、高等数学教学中微课的应用策略

现代教育的快速发展，使得各种各样的教学模式都得到广泛应用。微课就像一匹迅速崛起的黑马，它以简洁明快的形态，以及高度的针对性，成功地将传统的教学模式转变成现代的教学模式，并且在课堂设置、师资培养、数据分

析、网络教室建立等各个环节都取得了巨大的成功。由于微课的发展，如何提升高等数学的质量，以及有效利用这些资源，已经成为了当今高校数学教师们面临的一个重要挑战。

（一）创建微课情境

鉴于许多学生更偏爱专业课而忽视基础知识，因此他们对高等数学的学习缺乏热情，甚至产生了厌倦、反感等情绪。为了更好地满足学生的需求，教师应该根据学生的特点，制定出有针对性的微课活动。例如，我们可以把一些复杂抽象的高等数学概念转化为具体的内容，并通过创建模型和视频演示来帮助学生理解。例如，在讲授空间几何等知识点时，我们可以在课程开始之前引入一些相关的微课视频，让学生能够更直观地理解这些概念，从而更好地接触高等数学。

（二）增强课堂互动性和学生自主性

根据新的课程改革，教师需要更多关注让学生发挥自主思考的能力，并鼓励他们去尝试问题。所以，教师需要更多地关注如何让学生发挥出潜能，并让他们成为自主思维的主人。我们可以通过采用微课的形式来帮助教师更好地指导学生，让他们更为有效地完成任务。通过利用微课视频，我们能够有效地传播相关的知识，并且为学生提供充裕的思维发散的机会，让他们有机会发挥独特的想象力，勇敢地提出观点，激发他们的积极性，进而提升课堂的活力。当教师授予线性代数、微积分等课程的内容时，应当尽量提出更有挑战的问题，鼓励学生们积极参与，并且要求他们仔细探究，把握重点，把握难点，使得他们能够更好地理解这些概念，并且更有效地掌握这些内容。

随着当今世界的发展，科技的飞速发展给我们的教育带来了巨大的机遇。微课的出现，不仅彻底颠覆了以往的教学理念，还大大扩大了课程的范围，使得优秀的教材得以更加全面、系统的呈现，让每一个学生都可以学习到更多的知识。因此，使用微课来提升高等数学的教学质量已经成为不可避免的教学手段。

如今，要想让微课真正发挥出它应有的作用，就必须加强对它和高等数学教学之间的深度融合，并且严格遵循科学有效的准则，以便让它们真正成为一种可以让学生们从中获得快乐和收获的教育活动。

第三节　高等数学教学之元认知的应用

元认知作为心理学中的重要理论，在高等数学教学中具有较高的应用价值，对学生的数学学习能力、思维能力以及创新意识的培养及提升有着积极意义。基于此，下面将探索如何通过高等数学教学培养高校学生的元认知能力，希望可以促进学生喜欢数学、学懂数学且能较好地运用数学解决问题，以此实现数学教育的最终目的。

元认知理论是 20 世纪 70 年代美国心理学家约翰·弗拉维尔（John Hurley Flavell）提出的，所谓元认知，就是个体对自身认知活动的认知。元认知使得心理学的相关理论得到丰富，将其运用于高等数学教学中，对于更好地开发学生智力，培养学生的数学学习能力、思维素质以创新能力具有现实意义。

一、元认知概念的相关概述

元认知是一种独特的思维模式，它涉及到一个人对自己所理解的事物的自我反思、感知和评估。它包括三个主要方面：理解、思考和反思。

1. 元认知知识

认知学习是一种复杂的学习过程，它涉及到人们对主体、材料、认知任务和相关策略的理解，从而形成一种有效的学习方式和特征。这种学习不仅涉及到认知学习的实际任务和目标，还涉及到不同的学习类型和策略。

2. 元认知体验

元认知体验主要是指随着个人对于已有认知活动所形成的一种情感或者是认知体验，它主要包括对于不知、知等方面的实际体验，在内容上可能会很复杂，也可能会非常简单，可能会不间断的在认知主体活动的整个期间存在，也可能会存在于主体认知活动彻底完成之后，个人所经历的这一段时间或短或长。而在整个学习过程中的实际表现为学生进行学习之前就已经知道自己此次学习结果是成功还是失败；在学习期间已经了解自己对于所学知识的掌握度等；因此，在学习完成后则会因为学习结果的好坏而产生自信、愉悦感或者是焦躁、动感等。

3. 元认知监控

元认知监控旨在通过观察和记忆，帮助学生更好地理解和掌握认知过程。这种方法通过把认知过程抽象为可操作的概念，并进行监控和调节，从而帮助学生更好地达到预期目标。通过不断的努力和思考，学生们可以根据自己已学会的知识和技能去改变和完善他们的学习方法，使他们更好地达到他们的学业目标。此外，他们还需要不断地检验和改善他们的学习态度和行为，使他们更加有效地完成任务。

二、元认知在高等数学教学中的应用价值

（一）有利于提升学生的数学学习能力

当学生处于多样化的教育背景时，他们可以根据其独特的认知特征，采取有效的认知策略，以便获取最大的效果。其中，基于元认知的有效管理和精确的调整尤为重要，因为这能够帮助他们有效地规划出最佳的学习计划，进而使他们能够最大限度地发挥出其独特的智慧和才能。通过深入的反省，学生可以发现在学习过程中遇到的困难，以便迅速采取有效的解决办法，进而提升自身的能力。在这个基础上，他们还可以通过定期的测试来衡量自己的学习热情、积极性、理解能力，以便更好地掌握课堂内容。

（二）有助于培养学生的思维素质

数学思维素质可谓至关重要，它涵盖了从理论到实践、从抽象到具体到实际应用，从而帮助学生更好地掌握知识。尤其是在学习高等数学时，每个人都会根据自身情况，从理论上探索、从实践上检验，从而更好地掌握知识，并且更加灵活地运用各种技巧来解决问题。由于元认知的影响，使得每个学生的数学思维能力都会受到影响，从而导致他们的数学思维结构之间存在差异性。若

学生的元认知水平高，就可以较好地把控及调整数学思维活动，且表现出的反思能力较强，可以有效掌握数学思维活动。通过增强课堂教育，我们希望让学生的数学思维变得与众不同，他们的批判性和创造力将会变得更突出。他们的数学思考也会变得更灵活、快速和富于洞察。通过增强课堂教育中的数学元认知，我们希望能够帮助他们的数学思维素质变得更好，从而提高他们整体的智商水平。

三、高等数学教学中元认知能力的培养策略

（一）强化教师元认知水平

教师队伍作为教学体系中的必要保障，其自身的元认知水平尤为重要，因此，要培养学生的数学元认知能力，必须确保教师的元认知水平也处于较高状态。当教师自身具备较高的元认知水平时，可以明确怎样开展高等数学教学活动，懂得分析、选择与学生能力相适应的教学内容及教学方式，可以对教学活动予以积极计划并合理把控，使教学过程不断得到优化。同时，教师的元认知能力会通过教学过程反映出来，这在一定程度上使学生在不知不觉中受到教师的影响，学生的元认知能力也随之得以培养。因此，高等数学教师应不断完善自身的元认知理论，教会学生如何思考问题以及更多解决问题的策略，积极引导学生对学习活动进行反思，以此促进元认知在高等数学教学中的作用得以有效发挥。

（二）优化课堂教学

课堂教学作为培养学生元认知能力的主要途径，教师应在课堂中充分渗透数学元认知知识，培养学生主动思考、勤于反思，使学生学习的积极性和主动性得以提升。想对课堂教学予以优化并将数学元认知渗透其中，需要教师主动构建民主型师生关系。教师在制作教学方案时，可以在各环节主动邀请学生共同参与，充分了解学生的需求并引导其提出问题，整合得出适合高等数学学习活动的教学资源及具体学习方案，提升学生的参与性与主观能动性。同时，教师还要对教学方法予以优化，采用多元化教学方式，以此达到激发学生思考

以及学习兴趣的教学目的。例如，可以采用启发式教学法、小组讨论法、指导练习法等。此外，教师还应引导学生加强高等数学知识的交流互动，在此过程中，充分渗透数学元认知知识，促进学生对自己的学习过程予以客观评价，并进行积极监控和调节。

（三）注重引导学生反思

高校教师应注重引导学生反思，使其对自身认知活动进行回顾、思考、总结、评价、调节，促进其自我反思、自我监控、自我调节能不断增强。当学生养成反思的习惯之后，元认知能力就可以得到较大程度的锻炼与提升。同时，通过反思，学生可以对自身的认知过程及认知经验进行有效总结，这对提升元认知知识以及元认知体验的丰富度有较大助益。因此，教师引导学生学会反思，是培养高校学生数学元认知能力的重要方式。具体而言，采取的反思方式和反思内容并不是固定不变的，包括学习态度、学习方法、学习计划等方面的反思，还包括数学知识和内容的反思以及数学学习思想、观念、方法等方面的反思。主动引导学生进行自我反思，对其高等数学知识学习具有较为深远的意义，尤其对元认知能力的培养，具有正向促进作用。

第四节　高等数学教学之混合式教学的应用

高等数学是各个理工专业学习的基础性课程，在新工科建设背景下，高等数学教学改革也面临着更高要求。以下在简要概述混合式教学模式引入高等数学教学的基础上，分析当前高数教学活动开展的现状及问题，结合混合式教学模式的应用要求，对教学体系进行重构，以此为相关教学活动的开展提供参考，为提升课程教学实效奠定良好基础。

随着当今大学课程体系的变革和科技的进步，传统的教育方式日益难以适应当前的需求。特别是受到外部和内部条件的影响，网络课堂的使用变得越来越重要。混合式教学模式可以根据学生的需求，灵活调整教学方式，使学生可以通过网络和实际操作来获益，进而激励学生的学习热情，达到最佳的教学成绩。

一、混合式教学模式概述及其应用优势

（一）混合式教学模式的概念

混合式教学旨在通过引入线上与线下结合的新的教学方法，让学生能够比较好地掌握知识，并且能够更加有效地完成学业。这种方式既可以让学生通过网络学习，也可以让他们通过实际操作来进行学习，从而比较好地掌握知识。它比单纯的教学方法更有效，能够很好地适应学生的学习需要，并且能够很好地引发学生的学习兴趣。随着当前高等数学教学的持续发展，许多教师正努力探索更先进的教学方法，以提高质量，并且通过完善教学流程，实现混合式教学，以适应教学变革的需要。

（二）混合式教学模式的基本模块

采用混合式教学模式可以彻底地改变传统的教学模式，因此必须从多个角度对教学组织模式进行全面的重新设计和调整。

改进的方法之一是重视教学目标的深层次转变。这意味着，教师们除了制定明确的课堂学习目标，也必须制定相关的社会责任目标，这样才能让学生们既掌握了所有的知识，又有机会去体验数学的魅力，并培养他们的独立性、创造性。

通过引入自主学习的方法，学生可以更好地掌握知识，而教师也可以通过使用各类学习工具，如微课和MOOC，来帮助学生更好地实现自主学习。

混合式教学模式的重要一步就是如何组织线下的课堂。课堂的组织需要结合实际情况，并且要灵活运用多种教学方法，如小组合作、项目教学和团队合作。通过这些方法，教师都可以很好地引导学生的注意力，并且都可以很好地帮助教学。

学生在课后可以通过多种方式来巩固所学的知识，包括与同学进行二次交流和讨论，完成相关的练习题，并与教师进行互动。这样，学生就能够更好地拓展和提高自己的能力。教师应该对课程内容进行反思，仔细检查教学流程

的组织，并且发现学生在讨论中存在的问题，以便更好地了解学生的学习薄弱点，并且为未来的教学改革提供有益的建议。

（三）混合式教学模式的应用优势

采取混合式教学模式来教授等级数学课程，既可以避免过度依赖传统教学方法，也可以透过科学合理地采用多元化的教学方法，来提升教学质量。这样做的优点在于，可以更有针对性地提升学生的学习体验。

首要的是通过多样化的自主学习方式，希望能够培养学生的学习兴趣和思维能力，促进他们的自主学习能力和创造力。

之后通过将传统的教学模式与多样化的新型教学模式相结合，可以把课堂教学的重点放在复杂的知识点上，而忽略一些较为简单的内容，从而大大提高课堂教学的效率。

最后又通过加强对信息化教育的研究和实践，可以帮助教师们熟练运用各种教学方法，并且持续地提高他们的课堂设计水平。这将有助于促进教师们的专业发展，并且有助于教师进一步探索和实施有效的教育模式。

1. 传统教学模式依然占据主导地位

尽管混合式教学模式拥有许多独特的优点，但由于课堂教学技术、手段及其课程的局限，目前大部分大学的数学教育仍停留在传统的教学模式上，缺乏更加全面的教学变革。尽管中国传统的灌输式的教学方法仍存在，但线上自主学习、小组讨论等新型学习形式可有效提升学生的学习体验，让学生更加主动地探索和理解，从而更好地实现学习的目的，并且更加符合学生的学习需求。

2. 学生学习的主体地位不足

采用新型教学模式的核心目标是让学生成为课堂的主人翁，并且拥有更多的参与机会。然而，在当前的数学教学实践中，许多教师并没有充分重视学生的主体地位，导致学生在自主学习和课堂讨论方面受到过度的指导，这不仅削弱了学生的主动性，也降低了教学的效果。随着数学课程的普及，许多学生仍未能充分适应新的教学模式，他们缺乏主动学习的意识，尽管他们可以按照教师的指导完成自主预习和线上学习，但是他们的学习效果仍然有限，这将对教学改革造成重大影响。

3．教材老化

随着科技的飞速发展，数学的教学也变得越来越多元化，但由于受到传统权威思想的影响，许多数学教材的改版和创新仍存在落差。尤其针对非数学专业的学生，高等数学的教学需要充分的准备，因此，教师需要根据当前的数学教学状况，精心挑选出最具代表性的数学教学内容，以满足学生的需求。非数学专业的学生虽然着重于培养其实践能力，但当前的数学教学仍然存在着许多不足，如章节设置不够合理、内容偏向抽象，以及没有足够的实际操作技巧，这些都导致学生难以获得有效的学习成果，从而降低学习的热情。

4．学生自主学习渠道不够完善

采取混合式教学模式来改善高等教学质量，其核心目标之一便是让学生拥有更加丰富的学习机会，以便他们可以通过各种形式的学习来获取知识。尽管现代教学技术和学术研究已经取得了长足的进步，但仍需要解决一些棘手的挑战。

首先教师、学生对于网络资源缺乏重视不够，探究层次比较有限，导致线上资源无法充分运用。

其次虽然大多数线上教学资源都是针对所有学生的，但它们的教材选择、专业性和教学进度等方面仍然存在一定的差异，这就导致了学生在实践中受到了严重的限制。

最后尽管大多数教师提供的针对性的教学资源有限，但学生可以通过多种自主学习方式来提升自身能力，并且可以通过线上和线下学习相结合，从而提高教学效果。

5．教学评价体系不够合理

通过课堂教学评价，教师能够更好地掌握学生的学习情况，找到他们的欠缺地方，并采取措施来提升他们的学习水平。这种方法不仅能够帮助教师更好地理解学生的需求，而且能够帮助教师更好地指导学生的学习，提升他们的创新思维。然而，目前的高校的课堂教学评估制度仍然落后，缺乏有针对性的测评手段，无法真正反映出每个学生真正的学习水平。为了提高学生的数学水平，我们需要更加关注他们的应用计算能力，并且鼓励他们发展出独立的数学思维。这样，我们才能更好地评估他们的学习成果，而不是只依靠单纯的测试来衡量他们的学习水平。采取混合式教学模式时，评价机制需要重新设计，将重点放在学习的过程性评估上，从而有效发掘学生学习中的潜能，并有效改善教学方式。

二、基于混合式教学模式的高等数学教学体系构建

1. 教学内容模块化分类

对教学内容进行模块划分，对混合式教学模式应用保证学生们能够有的放矢地学习具有重要意义。以下是模块分类需要考虑几个方面。

第一，应该对于各个专业学院开展调研，掌握不同学院培养人才时高等数学知识与能力需要等要点，依靠高等数学知识体系化、完整化的需要，制定模块化的教学大纲。

此外，应根据大纲的指导，结合专业学习的实际需求，重点调整教学内容。

最终，以全面综合地考虑各专业学生基本情形及每个模块所需基本素养为主要目标，补充教材或单元的薄弱环节，改变常规教科书制度中知识点联系不足、学生知识系统不够完善等问题，保证每一单元均具备操作与实践价值，给教师精心编排教学内容奠定了很好基础。

2. 明确课程教学目标

课程教学目标的制定对于教研活动进行具有基础指引作用，是学生理清研究重点的基本基础。在当下高等数学教学设计时，教师一般会把课标的制定目标分为知识目标、能力目标、德育（思政）目标三个构成部分。知识性目标的实现需要学生把握单元学习所需要的界定，能运用已学习的内容解决课本和课后习题问题，并能把新知识点与现有认知结构体系整合起来。能力性目标的实现往往是指导他们学会自主观察、自主思维，发展数与形结合等思想，探索知识传递途径，体验数学思维的魅力。德育目标是指引导学生从高等数学的知识面向数学文化挖掘中学习数学，发展他们学习数学的积极性，发展他们独立地探究问题、开拓创造力以及爱国情感。在教师设定课程目标时，要注意目标的合理性、对应性和衔接性，不要有空洞或随意制定的目标。

3. 线上教学资源准备

线上教学资料准备是混合式教学模式运用的关键条件，提高教学水平过程当中，一定要综合模块分类和课程教学目标需求，建设好线上教学资料库。落实到实际工作中，教师应该充分发挥信息技术的优点，综合采集课程教学资料。以中国大学 MOOC 网络平台作为例子，该平台既有与高等数学（一、二、三）有关的国家优质项目，又有职业教育中专门的高等数学项目，每个大学所提供的内容中虽然知识要点没有较大区别，但重难点解释方式却比较显著不同。教师通过事先预习，可以结合学院人才培养制度需求以及各专业学业需求，指导学生们选取相应授课资源，减少学生因为认识不够明确而导致自主学习效率低下现象。构建授课资源类型应当包含大纲、课件、教学计划及试卷库多种形态，能够满足学生们的多元化学习方法需求，让学生自主学习变得更加优越，更具有实用性。

在课程教学实施过程中，为更好地帮助学生自主学习，提升教学资源利用率，可以通过 QQ 群、微信群或教学平台提供的小组讨论模块，引导学生提出学习过程中出现的问题，由教师或学习成绩好的学生进行解答。利用此举突破传统课堂教学模式在时间、空间方面的限制，及时帮助学生解决学习过程中存在的问题，更好地激发学生学习的积极性，逐步提升学习质量。线上教学资源还应当包括在线测试内容，学生在随堂或课后完成对应的试题，教师通过平台收集对应的数据，更好地分析学生作业的完成情况，分析作业完成中的缺陷和不足，及时对教学策略进行优化调整，从而更好地实现分层教学，有针对性地对学生进行指导，推动所有学生协同进步。

4. 多种教学方法结合应用

目前我国教学理论体系中，混合教学模式已演化发展成为多样的教学方式融合、依靠线上线下平台支持、更好地达到教学目的的教学系统。下面介绍高等数学混合教学模式具体化教学实施形式。

混合式教学模式中，翻转教学方式已经成为一种普遍应用的教学方法，它的应用已经持续了很久。与传统的教学模式不同，翻转教学模式不仅仅把学生的学习权利放在教师的手中，而且更加注重学生的参与和互动。随着当今网络教育技术的飞速发展，越来越多的教学工具和教学材料可以供学生选用，因此，学生们可以利用网络教育工具，如微课和 MOOC，自主学习，以及结合项目教学法和主题教学法，来有效提高学习体验，进而达到最佳的教学效果。

第二种教学方法是主题式讨论法，将某一专题具体学习情况为基本起点，教师录制教学录像，学生们在录像学习过程当中，回答录像当中疑问试图自主解惑，学生通过网络途径上交答题及探讨报告，教师根据学生上交所得答案与后台统计资料，分析学生们学习成绩存在之处，再设计对应种类的练习题让学生重复练习，有助于学生们把握不懂之处理解知识点，逐渐增强课堂教学有效性。

第三种教学方法是问题驱动法，针对各个板块的教学内容，由教师设置和授课主题有关的议题，指导学生们对有关内容进行深度剖析。议题设计要有层次性、连贯性，保证学生们由浅入深逐步把握知识重难点。在学生展开议题探讨期间，教师只需做到巡查、有序维护，知晓学生议题进展情况，无需直接介入其讨论，待小组内议完并且给予问题求解流程后，教师再进行相应解析指导，引其运用更为优化的方式进行议题求解，引领其树立较好的问题求解思想。

这些不同形式教学手段运用，可以根据大学生群体化学习特点，充分调动大学生自身主体性角色，有效提升课堂授课品质，实现大学生数理思维发展，促进教学改革持续向纵深发展，指导学生养成系统性地学习思维。

5. 优化教学评价体系

随着教学模式的持续变革，高等数学混合式教学模式必须建立一套完善的教学评价制度，以便将学习的开始和结束性评价结合起来，及时发掘学习过程中的潜力，并给予学生多维度的指导和帮助。在进行课堂评估时，应涵盖随堂作业、课堂作业、课堂测验、课堂活动和个人表现多个方面，这些都可作为课堂评估。将这些评估的总和设定在 60% 左右，并且尽量避免使用传统的试题。将这些评估的总和设定在 40% 左右，这样才能更好地反映出学生的总体表现。为了更好地衡量一个人的表现，采取多种评估方法，包括个人、团队、教师等。这样可以更准确地衡量一个人的表现，并且能够更好地引导他们关注课堂的进展。这样，就能够摆脱"冲刺"期末考试的束缚，更好地实施教学目标。

三、混合式教学模式应用

随着教育技术的进步，混合式教学模式在当今多数大学的数学教学实践中被普遍采纳，其优势在于：学生的主导权更加突出，他们不仅要参与课堂讨论，还要参加实践活动，从而更加深入理解知识，更加全面掌握技术，更加灵活运用，从而更加有效的发挥学生的潜在潜质。经过改进的过程性教学评价体系，不仅大大改善了学生的上课表现，还激发他们的学习热情，同时也大大降低了他们的复杂度，从而大大提高他们的数学知识掌握能力。此外，这种方法还大大改善了他们的期末成绩，让他们可以把日常学习与期末考核紧密结合起来，从而避免因为紧张的复杂环境而浪费宝贵的学习时间。

然而对大多数高等数学专业教学内容授课教师来说，在混合教学模式运用过程中，还需从几个方面进行完善，才能确保教学效果得到全面反映。首先应加强对混合教学模式理论水平的研究。目前混合式教学模式已成为很多高校高等数学课程教学的主要运用方式，但是一些教师仍然重视不够，对模式运用进程中存在的问题分析不够深刻，甚至出现了教学模式运用流于形式的情况。二是教师本身整体素质难以达到教学改革需求。学生们自主学习能力得到提高，也就代表着学生们学习过程中产生疑问数量持续增加，教师是否可以协助学生们化解问题，对于授课效果有显著影响。其次就是需要与学生达到同步研究，使得知识架构具有逻辑性增强。混合式授课模式运用则意味着学生学时、学识结构具有碎片性，不能够达到高等数学教学中培养逻辑思维的需求，所以对于教师来说，务必要根据学习进度制定好的逻辑思维培养制度，全面增强学生数学学科技能应用水平。

总之，混合式教学模式对于高等数学教学而言已经得以广泛应用，并且运用到好的成效之余，也存在着许多方面的问题，这需要各高校加强统一整理，实现授课模式全面最优化，并且做好教学改革工作，促进大学人才培养持续向上发展。

第五节　高等数学教学之启发式教学的应用

启发式教学不同于传统的教学模式，它注重的是对于学生能力和思维的培养，在高等数学教学中起着非常重要的作用，它可以使学生在情境中参与到学习中。主要对高等数学教学中运用启发式教学法的意义进行阐释，并对这种应用进行相应的分析。

"启发式教学"通常被定义为教师通过提供多种可能的解决问题的策略来帮助学生进入学习状态，启发学生学习。然而，这种教学模式应该根据学生的个人特点和教学实践才能来进行。教学理论的核心就是启发，这种教学模式强调学生的独立思考能力，鼓励他们从多种角度发现、探究，进而激发学习欲望，提高教学才能。这种教学模式不仅仅局限于传递知识点，更重要的是要求教学者运用多种教学策略，结合多种教育资源，实现课堂教学。通过采用启发式教学方法，可以让学生成为课堂上的核心参与者，同时也可以让教师充分利用他们作为课堂领袖的角色，进而更好地引领他们探索新事物，培育他们独立思考、创新精神，实现课堂教育的最终目标。

一、启发式教学的特点

启发式教学贯穿于整节课。现如今学生们通常在数学课上注意力很难一下子集中很长时间，因此高等数学教师授课，教师从新授课的导入，讲授到课中提出问题，教学内容解释说明，课堂教学内容的板书设计，贯穿全程教学内容均可以使用启发式教学法。

（一）激发学生的学习兴趣和学习潜能

激发学生对课堂内容的热爱，不仅能够激起他们对课堂所涉及问题的深入理解，还能够激起他们对课堂所涉及问题的积极参与，是促进学生思考、探索、创新，主动学习的原动力。因而在教学过程中，教师要努力挖掘教材，力求通过趣味性强或是易于引起兴趣的手段或方法引出教学内容，也可以通过知识点的前后联系或者知识点在生活中的应用场景来引出教学内容。通过多次的引导，教师们可以将不同的知识点融合到一起，激发学生的学习热情，并尽可能地拓展他们的智慧。

（二）以学生为主体进行教学

教师应该把学生放在首位，不要强迫他们完成任何学习任务，而是要引导他们自主学习，并且在重要时刻给予指导。这样才能使学生真正掌握知识，为他们未来的发展奠定良好的基础。

二、高等数学课堂运用启发式教学的意义与要点

（一）高等数学课堂采用启发式教学的意义

1. 启发式教学可以提升学生对数学知识由具体到抽象的认知

高等数学是一门具有深刻理解力的抽象学科，其中最具挑战性的两个方面是：一是要深入理解它所涉及的复杂的符号表达；二是要把握它所蕴含的数学思维模式。

在大学高等数学数学的课堂上采用传统的注入式的教学方法既不利于学生对显性的数学知识的理解，也不利于培养学生的思维方法。没有大胆的猜想，就没有伟大的发现。猜想就是根据事实和已有的数学知识，通过观察、类比、联想、归纳等方法，对那些未知的规律做出的一种推测性判断，这是一种重要的数学方法和数学思想。这种方法是解决数学问题行之有效的方法之一。猜想是高等数学教育的有效途径，因为以猜想作为基础的启发式教学能够活跃学生的思维，触动他们丰富的想象力和好奇心，将他们放在探索者、发现者和研究者的角度让他们在启发下独立地思考问题。从教育心理学的角度来说，高等数学的特点根本不适应传统的那种以教师教材为中心的陈旧教学观念，因为这完全是与等数学的探索精神相背离。

为了让学生在高等数学课堂上更好地理解知识，教师应该站在一个更高的角度，深入挖掘学生的认知经验和认知结构，并将其与学术思想和实践活动相

结合，让学生在探究中获得更多的收获。

采用启发式教学方法的教学模式，旨在帮助学生更好地理解并掌握数学概念，其目的不仅仅局限于传授基础的证明，还包括引导学生进行深入的思考，以及探索更多的可能性，以便学生更好地将所学的内容转化为实际的应用。

2. 启发式教学促进学生创造性思维能力提升

随着时代的发展，必须应对挑战，敢于探索未知，并以此来激发自身的潜能。因此，提升学生的创造性思考能力显得尤其重要。在课堂上，教师可以利用实际案例，帮助学生发挥自己的潜质，以便他们有效地探索、分析、处理各类问题。通过多种不同的尝试和实践，教师们可以帮助学生发展出更强大的创新思考能力。

通过引入多样化的活动，如体育、艺术、科技等，来提升学生的综合素质，同时也能够激发学生的好奇心里。因此，教师们要充分利用课堂时间，鼓励他们去探索，去挖掘自己的潜能，以及去拓展他们的视野，从而更加深入地理解课堂内容。

通过提供一些有挑战性的练习，教师希望帮助学生提升解决实际问题的能力。例如，教师可以通过提供一些实际的数学挑战，鼓励学生进行分析、推理和总结，从而获取有价值的知识。

为了提高学生的灵活运用知识的能力，教师应该提供一些开放性的问题，让学生通过多种途径来探究和解决。

（二）高等数学课堂采用启发式教学的要点

与常规注入式教学法相比，启发式的数学教学法更多地注重学生们思考能力和数学素养的培养。而身为高等数学教学的组织者和设计师，教师在授课时应该注意把握如下几个要点。

第一，通过了解课程的组织、结构、内容以及安排，教师需要更加熟悉并运用启发性的教学手段，以便更好地传授给学生。

第二，强调数学思考的重要性。教师应该把握住课堂的节奏，运用数学的思想与方法，把所有的概念都联系起来，使之变得更加完整。

第三，教学的成功取决于学生的积极性和参与。启发式教学的核心理念之一便是让学生通过提出不同的问题来探究知识，并以此来激发他们的思维和学习能力。

三、启发式教学法在高等数学课堂中的应用

1. 启发式教学对学生逻辑思维能力的培养

逻辑思维是一种独特的思维模型，它通过运用判断、概括和推论等技巧，帮助学生更好地解决问题，从而更深入地了解客观世界。它可以让学生从表层上把握问题的实际，从根源上把握问题的核心。采用这种思考模式可以帮助人类的思考变得更为精细，并且可以让学生拥有一种敢于探索真相的好习惯。

在授课过程当中，教师应当采用多种方式激励学生们主动的参与进思考的行列当中，自觉的运用逻辑思辨能力对其进行训练，全面引导、启发学生。不过，这一切进行的先决条件是教师必须对于逻辑思辨能力以及重要度有清晰地认知了解。比如说，函数极限值问题证明中，教师就是应该清楚这种类型的题目，其主旨在于使学生们能够把握分析法。对于这一部分的讲授来说，教师们就应该使学生们能够首先明白分析法性质，比如说分析法就是一种由结构反推出原因的一种思考方式，是以果为因，所以，主旨思考模式还应该就是若要证……那么只需求证……这一思路就可展开反思。然后，教师可根据此类理论性阐释，在理出具体习题之后使得学生在练习之中真正地学会这一思路。经过一步一步地发问，使得学生可在习题上进行递进式一种递进的方式来完成习题，不知不觉中学会了创新技能和创新素养，也能从中受到思维培育和锻炼。

四、启发式教学应用要点总结

1. 注重"启"和"试"相结合

为了更好地激发学生的学习兴趣，教师应该持续更新教学模式，并将其与学生的实际情况紧密联系起来。通过这种方式，希望能够激发每个人的潜能，帮助他们更好地理解并应用所学知识。无论他们处于哪个水平，能够从这种方式中获得快乐，并且能够更好地应对难题。教师们需要适当地激励，但同时又需要保持适当的节奏，并且需要密切关注学生的表现。

2. 精心备课

为了使启发式教学取得最好的教学成绩，教师应该提前进行精心的规划，包括制定有针对性的教学活动、教学材料、教学过程，并且在课堂上构建有趣的环节，使学生能够有更多的兴趣，进而取得更大的教学胜利。教师应该充分利用多种教学模式，而非仅仅依靠单一的启发式教学方式，以达到最佳的教学。

3. 创设良好的教学氛围

在启蒙课堂上，教师需要提供适当的环境来激发学生的兴趣，并且鼓励他们去尝试新事物。这样，他们就会觉得无拘无束，不会受太多的限制。这样，学生就会更容易展现他们的想法，并且乐于提供建议，并且愿意与其他教师一起合作，一起分享知识，从而建立一个充满活跃、互相尊重、平等互信的课堂气氛。

4. 营造师生互动的气氛

通过引导式的课堂活跃，教师和同学的交流变得更加频繁。这种交流方式不仅能让教师的课堂更有趣，同时还能让同学们更加积极地探索课堂内容，并且能够激发他们的想象力。通过这种方法，能够建立起有效的课堂关系，促进学生独立思考，并培养他们的创造力。在交流中，教师能够随机地改变他们的教学策略，激励学生去探索知识，从而提高教育质量。

通过启发式教学法，教师能够调动学生积极性，让他们自发性地进行自主学习，从而使他们的学习成果变得更为牢靠，学生们不仅能够紧随教师的教学步伐，而且还能增强他们的主动思考的能力、独立解决问题的能力、团队合作的能力启发式教学是我国传统教育思想的精髓，要不断进行总结提高，在学情发生变化的情况下进行改进。透过指导学生发现教学上的困难并寻求解决方案，教师能够更多地充分调动学生的学习兴趣，促进学生的学习积极性，并最终达到课堂教学目标。

第六节　高等数学教学之数形结合的应用

数形结合是重要的数学思想之一，教师在引导学生学习相应的数学知识时，也需要善于引导学生树立起数形结合的分析解题思想，从而使得学生能够迅速把握数学问题本质，提升其数学学科素养。下面以高等数学教学工作为例，其体分析数形结合思想在高等数学教学中的应用。

"数形结合"指的是把几何图像和数量关系联系起来，并使它们能够进行交叉和变换，以便于解决实际的数学问题。这种概念深植于高等数学，并且由于其抽象和推理的特点，因此，在课堂上，指导学生正确使用这种概念，对于他们获得更好的数学知识至关重要。利用数形结合的方法，可以大大减轻高等数学的学习负担，同时也可以提升学生的整体数学水平。因此，本节旨在深入研究这种方法的实际意义，从而更好地指导和推动高校的数学课程的改革和创新。

一、数形结合在高等数学中的应用价值

（一）深化理解数学概念

当探究高等数学时，会发现许多概念需要用抽象的数学方法去描述。这使得许多人感到困惑。然而，如果教师能够运用数数量关系和图像相互联系的方法，就能更好地理解这些概念。通过引入实验和观察，教师能够更有效地让学生掌握和运用数学知识，比如，通过观察物体的运动，比较物体的运动方向和运动轨迹，教师能够更清楚地了解物体的运动方式，并且能够更容易地将其转换为有用的信息。当教师尝试向学生介绍双曲抛物面时，因为新生很难掌握它的基本概念，所以教师会采用平行切割法来帮助学生更好地了解双曲抛物面的运行机制。通过平行切割法，教师能够更清晰地向学生呈示双曲抛物面的运行情况，帮助他们更好地掌握它的基本概念。通过利用几何图像的方式，教师能

够更好地帮助学生理解和运用高级数学的基本原理，从而更加深入地探究和理解这些抽象的概念，并将它们转化为实际的应用，从而更好地帮助他们理解和运用这些基本的数学原理。

（二）直观解释数学定理

许多人认为学习高等数学比其他科目困难，因为它涉及的概念和知识点太多，需要理解起来相对复杂抽象。然而，当采用数字和图像相结合的方法进行授课时，教师就能够把复杂的概念变成易于学习和理解的实例，从而帮助学生理解数学。罗尔定理、拉格朗日中值定理和柯西中值定理的共性点就是，它们的定义表现出了一致的特性：即切线总会沿着某一方向延伸，而且这种延伸的方向总会沿着某一个方向。因此，当讲授罗尔定理的知识时，教师不妨采取一种更加具体的方法，如通过使用实物或者动画来表达，这样能够更好地吸引学生的注意力。或者使用 flash 动画软件演示倾斜图形，能够引发学生兴趣爱好，帮助他们理解拉格朗日中值定理的基础概念，如罗尔定理和柯西中值定理。这样，借助数形结合的思想就会对图形与数量之间的关系有更深入的理解。利用数字和几何的概念，我们能够清晰地表达出图像和实物的相互关系，并且能够帮助学生深入地理解每个概念的内涵，从而大大提高他们的数学水平和能力。

（三）增强学生求简意识

通过应用数形结合的方法来探究和求证，不仅能够帮助学生深入了解数学的实际内涵，还能够让他们把复杂的概念转换为易懂的表达，大大降低了求证的难度，同时还能够培养他们的创新能力和独立性。因此，在高校的数学课堂上，教师应该积极鼓励学生采取这种方法，让他们能够把抽象的概念转换为具体的实例，以此来帮助他们快速掌握知识。

二、数形结合在高等数学教学中的应用策略

（一）强化数形结合引导

在授课过程中，教师应该积极鼓励学生运用数形结合的方法来解决实际的

问题，这样不仅可以促使学生掌握数学定义，而且也可以轻松地解决实际问题，从而提升学习的成果。当教师设计适当的数学练习题目时，他们还需要鼓励学生将数字和图像联系起来，这样才能最好地指导他们，并让他们自觉地将这些思想融入到实际的解决方案中。

（二）利用信息化技术

信息技术的授课方式备受教师们喜爱，对于高等数学授课工作而言，教师也应当擅长借助微课程、云课堂这些授课工具，以影像、录像、动态图这些多样化的信息技术授课手段培养和运用数形结合进行授课。在信息技术学习模型下，原本抽象绘制成为具象化，同时数量关系和数学图象相互结合、动静结合等方式使所学习到高等数学内容生动鲜活，切实降低有关学科知识点的学习难度，学生对于领悟与接受之后进行数学运用时将更加得心应手。由此从另一视角出发的话，学生也能够依据自己真正的学情需要来调整学习速度、展示进度等。此时，图象动或静、数与形的潜在改变便可以明确、直观地表现在学生眼前。

（三）形成常态化教学

数形结合思路培养不应该只局限在某一知识或者是某一教学单位上，而应该要涵盖整个高等数学学习全过程，让数形融合教学形成常态，这样才更有利于促使他们养成科学的数学思维方式。而且在教师进行教学过程时，就应当很好地发掘课本上蕴藏着数形融合思想，并切实地通过课程目标、教学内容、授课过程、课后练习等等多种方式进行分层、分步骤渗入数与形结合理念。

总之，作为数学思想中非常的关键部分，在高等数学教育工作中有机贯穿数形结合思维是每个教师值得深切思考的重点问题，运用数形结合进行高校数学教育活动，无疑也大大改善和提高了学生的整体水平，有助于其全面提高整体学业效率和素质水平，对于培养其数学素养有着十分重要的意义。

第六章

高等数学教学评价创新研究

第一节 数学教学评价概述

在数学教学过程中，教师需要不断地进行评估和诊断，以不断修正教学过程中出现的问题，进而采用更加有效的手段来促进数学教学进步。首先，其需要知晓数学教学评价的含义；其次，明晰数学教学评价的意义与价值、方式和方法。

一、数学教学评价的含义

评价是对所观察到的现象或事物所做出的一种价值判断，直接或间接影响事物或事件发展与运行的状态。因此，评价需要在先进的理念指导下，客观、公正地进行，以使事物或事件朝着良好的方向发展。数学教学评价也是一样的，是对数学教学事件或过程进行系统性诊断分析并做出价值判断的过程，无论是过程性评价、结果性评价还是发展性评价，都要全面客观地认知数学教学评价的内涵与特征，掌握科学的评价工具和手段，对数学教学过程中的要素、关系、阶段、结果、素养等进行分析，使数学教学的目标得以实现。

（一）认知数学教学评价先认知数学教学评论

数学教学评价是奠基于数学教学评论的，评论是人们对事物或现象的基本认知与分析，数学教学评论是对数学教学现象的看法与认知。现阶段数学教学研究成果迭出，人们的阅读兴趣、观察视野在不断转移与拓展，求知视域也在迅速扩大，急需科学的方法对其不断涌现的成果进行评述和梳理。进行数学教学评论就是举措之一，在评论基础上的评价才显得更有依据和更具科学性。

1. 明晰数学教学评论的概念

数学教学评论是依据时代发展的需要，按照一定评价标准，对数学教学研究活动和成果进行分析和评价，对数学教学研究和数学教学学术发展起着直接指导和规范作用。数学教学评论的评论标准一般基于社会和学术两方面，评论的社会意义就是要防止思想上的贫瘠化，为数学教学学术研究提供良好的思想生态环境，促进数学教学事业向更深处发展。

数学教学评论的对象主要指数学教学研究成果，即对数学教学研究成果的再研究。数学教学研究成果一般有两种表现形式：①著作与学术论文；②实践成果如图片、资料、教案、教学实录等，都是被评论的对象，都需要进行梳理与评析，以挖掘思想性、学术性和艺术性。具体评论方式有两种，一是对他人的数学教学研究和学术成果的评论；二是数学教学研究者自我评论与批评反省。数学教学评论作为学术评论更多的表现形式是一种群体性活动，需要更多学者对一些重要的数学教学问题展开学术对话，进行信息交流与思想沟通，共享评论研究成果，进而引发数学教学共同体的重视，达到学术进步与繁荣，扼制学术腐败。

2．知晓数学教学评论对象范围

数学教学评论是数学教学理论体系的一个重要分支。数学教学评论所涵盖的内容范围主要是书评、文评与例评，即对所评书籍、文章、案例的一切探索和所取得的成果做出相应反应和合理评价，并给出定位，同时对数学教学中表现样态进行评论或者发表看法，数学教育评论要突出三个字，就是新、实、精。新——数学教学新领域、新思想、新材料的挖掘；实——数学教学中实在、实际、实用的彰显；精——数学教学研究的精髓、精当、精练的透视。由于数学教学成果都会形成一定的文档，形成数学教学资源，对这些资源的评论就显得十分珍贵。通常最有价值的评论之一就是书评，是指对数学教学工作者所撰写的一些数学教学类学术专著进行评论，数学教学学术专著大多是作者在多年实践基础上精心总结、提炼形成的，是思想与智慧的结晶，需要人们去评说，从不同角度进行挖掘。一般书评都是围绕书作话题、书前书后、书里书外、书人书事，万变不离其旨，即对与书有关的问题都可以进行评论，从简短的介绍到博大精深的专题研究，从序跋到校补、编目、封面、扉页直到每个章节等，都需要聚集一批为之繁荣和发展殚精竭虑、不断探索的书评人。书评反映着数学教学文化的时尚，是数学教学文化的一种选择，对数学教学事业起着推波助澜的作用。文评指对数学教育工作者撰写的教学学术论文进行评论。

主要评论论文结构特点，一些重要思想的挖掘，包括对选题意义、文章布局谋篇、写作思路、写作风格、研究对象、研究方法等方方面面的剖析，给读者以导引和明示，也从一定程度上可以析取一些重要的论文范式供学生参考与模仿。例评，是对数学教学中所产生的案例，如教案、实录、教学片段等进行会诊与评论，对改进当教学具有十分重要的价值。

3．了解数学教学评论的四个基本特征

1）学术性

所谓学术性，是指从学术立场出发，根据学术标准对数学教学研究成果进行评论，学术评论赖以成立的基础是人类迄今为止所建立起来的各种学术规范和这规范背后的学术道德、学术良知以及永无止境的探索精神，学术评论的价值在于它的责任感和对真理的追求，它的存在表明数学教学工作者把提升自身素质、高尚的精神性行为永远放在首位。

2）多样性

数学教学评论是对数学教学成果进行多角度、多层次、多方位地进行解剖。评论的形式和内容多种多样，如此才能挖掘出数学教学成果中所蕴藏的深意。数学教学评论是融评论、批评为一炉的奇妙结晶，无论做学问、当向导都是以一种让人们心领神会的形式表现出来的，都是以独到的见解、可靠的内容以及精练和丰富多彩的语言吸引读者、赢得读者、引领读者。

3）开放性

开放性就是要提倡百花齐放、百家争鸣的学术态度与精神进行评论，采取开放的心态进行评论以防止学术霸权。数学教学评论，当然要承认别人的劳动和贡献，同时也要诚恳提出批评，各抒己见，一部著作、一篇论文、一项成果，不可能已经达到了终极真理，这就需要给数学教学评论以足够的空间和时间，从历史的角度对数学教学研究成果进行比较研究。

4）探索性

数学教学评论既是现代人接纳、评判、检讨数学教学新思想新知识的快捷方式，也是促使数学教学理论和实践保持鲜活状态的工具，是引导数学教学事业走向更高境地的助推器。因此，评论者不仅要用自己的立场、观点、方法和良好的数学教学理论修养去探索数学教学研究成果的实质，还要熟悉数学教学评论的对象，对数学教学过程也要有真切地体会和认识，这样才能在更高层次挖掘数学教学研究成果的内涵。

4．了解数学教学评论的研究方法

数学教学评论要讲究科学的评论方法，重视文献研究、重视材料分析，用科学的理论与方法去解剖数学教学成果。特别是要用数学工具去研究数学教学书籍、文章、案例的特点，对优点要评足、缺点要挖透。数学教学评论要在重材料、重考证、重分清问题本身的基础上，用发展、全面、客观的眼光看问题，形成宏观与微观并重、理论与材料并重的学术风格进行评论。

（二）数学教学评价的内涵与外延

数学教学不能缺失数学教学评价，数学教学评价简单地说就是对数学教学活动及其现象的评价。因此，数学教学评价的本质就是对数学教学活动以及数学教学现象所做出的价值判断。这种价值判断就是建立在数学教学评论的基础之上，数学教学评价是一个重要的研究领域。它与评论略有不同，是直面数学教学事实，但随后的评价的理论基础却来源于评论。

1．认知数学教学评价是一种价值判断

这种判断是对数学教学过程中的要素、关系、结构、行为等方面做系统全面、客观分析的基础上给出一种判断，做出这种判断的是专业人士，是熟悉数学教学原理，具有丰富数学教学经验，掌握数学教学评价方法的数学教学工作者，而被评价的对象可以是教学事实、教学效果、教学文本或教学案例，也可以是与数学教学相关联的诸如教材、教学资源、教学环境、教学关系、教学过程等，对此做出判断就要求准确、客观和公正，能对数学教学改进起促进作用，维护教学正常进行和改进，从而使数学教学不断地为学生数学学科核心素养的提升做出贡献。

2．明晰数学教学评价的原则

1）强调数学教学评价全过程的原则

主要有目的性与发展性原则、科学性与教育性原则、客观性与实践性原则、标准化与可比性原则、分析与综合相结合的原则、定性评价与定量评价相结合的原则、反馈与调节的原则等。在这些原则的引领下，对数学教学过程中的现象或事实进行客观评价。

2）数学教学评价的方式与方法的原则

主要有客观性与目的性相结合的原则、整体性与部分性相结合的原则、定性分析与定量分析相结合的原则、静态分析与动态分析相结合的原则等。在这些方法原则下才能科学评价数学教学活动。

3）强调数学教学评价的目的与功能的原则

主要有要求的统一性原则、过程的教育性原则、科学的全面性原则、实施的可行性原则。

3．确定数学教学评价的对象和范围

数学教学评价的对象主要是数学教学活动过程，是对数学教学设计、实施、反思等诸多方面的评价，重心可以是教师、学生以及与数学教学相关的一切资源或者相关的现象，所涵盖的范围是教学前、教学中与教学后的评价，侧重于对四基、四能和素养的评价等。在数学教学评价对象中体现评价主体的多元化和评价方式的多样化，要恰当地呈现和利用数学教学评价结果。

4．知晓数学教学评价的程序

一般情况下把数学教学评价置于数学教学活动之中，过程为计划——过程——成果三个阶段；也可以理解为准备——实施——分析三个阶段。具体可分为五个阶段，选定被评价对象、建立评价指标或指标体系、收集评价资料、分析整理资料、评价结果的利用。

数学教学是数学学习共同体参与的过程，身在其中的每一个个体都会对参与的数学活动有自己的看法和观点，因此，需要共同体之间就数学教学中的问题与现象进行诊断与分析，从中析出具有启示性和规律性的事实，也可以从中发现数学教学中无论是教学设计、教学实施还是考试评价中存在的问题，以便与共同体一起，探索其改进的对策。

二、数学教学评价的目的与意义

数学教学评价是基于数学教学评论，因此，数学教学评论使数学教学评价有了一定基础，具备数学教学评价的先赋性条件，为数学教学评价的实践经验提供了良好的基础，通过数学教学评价可有效地展开对数学教学现象进行检验、反思，也会对有效地开展数学教学活动和改进数学教学活动给予方向、角度、方法等诸多层面的启示。

建立数学教学评价的目的是反映、监督、规范数学教学现象或过程，促进数学教学发展，提升数学教学理论水平和实践能力。数学教学评价要从多个视角对数学教学中的一些问题、现象进行分析，用价值观、认识论、本体论的立场与方法去探索数学教学中所蕴藏的精神实质，树立一种批判反思精神，挖掘数学教学中所蕴藏的知识性、思想性，进而建立规范的评价产生机制，找到教学进一步发展的生长点并完善数学教学评价机制。通过评价分析教学中的得失、总结经验、指向未来，有益的数学教学评价不仅有助于认清自我，据以改进和完善自己的教学，而且有利于数学教育事业的发展。

数学教学评价的意义，具体说有三个方面，①数学教学评价是对数学教学理论与实践的深度认识，是深化数学教学研究与实践的广度与深度的重要工具；②数学教学评价是数学教学发展的一支重要力量；③数学教学评价是联系数学学习共同体的一条重要桥梁，是学习共同体间思想交流与沟通的有效路径，成为彼此的受益者，从而使数学教学理论与实践的建构者注重教学效率。当然数学教学评价最根本的意义在于提高学生的数学学科核心素养。在数学教学评价谱系中最重要的评价方式就是考试，正确认知考试，特别是高利害关系的考试就十分重要和关键。

三、数学考试评价

在学生数学学习的过程中，必然会遇到很多考试，这是诊断学生数学学习成效最快捷最经济的方式之一，通过考试可以检测学生对数学四基的掌握程度，可以了解学生数学四能的发展现实，可以知晓学生数学素养的整体状态，通过考试不仅可以了解个体的学习状态，而且可以了解群体的学习现实。

（一）由试题反思数学教学

考试是最基本也是最有效评价数学教学的一种方式，而其中最关键和重要的就是命题的质量。通过考试来进一步引导数学课程的发展，可以促进立德树人的目标，改变传统的以成绩为中心的评估模式，这一过程为我们更好地执行党的教育政策，推动素质教育的发展提供了强大的支撑。

改进考试问卷的质量至关重要。考试旨在评估学生在完成教育计划中所承担的任务的能力，并且在一定情况下也能满足他们的就业或晋级目的。因此，在设计问卷时，应该充分考虑时间、信息、困难情况，以确保问卷的质量。在日常的诊断性测评中，应该着眼于培养学生的基础知识、实践技巧、深刻的思维以及丰富的实践经历，同时也应该强调学生的创造精神、独立思考的能力以及对于复杂情况的判断、处理、推导的能力，因此，应该优化测评的具体内容，尽量避免偏向于死板的答案，而应该增加有趣、具有挑战的测评。对于进一步提高学生的能力，我们应该拓宽每个学生的认识面，并且提供更多的学生可供挑战的考题。同时，我们也应该努力提高学生的专业知识水平，以便他们能够更好地理解并应对各种复杂的考场环境。随着时代的发展，将多种不同的知识融合到一起，使得跨越学科的考核成为了当今数学课堂的一种常态，它不仅可以指导数学的教学，还可以推动素养的培养，从而有效地提升了数学的教学水平，并且可以有效地监督教学的效果。

无论是作为评价者的教师还是作为被评价者的学生都要通过探析试题的特点，判断其教学与学习行为。数学教师必须深入理解试卷的结构、形式，熟练地运用各种方法来处理各种难度的测验。这样，我们就可以更好地理解数学试卷的实际内容，更好地面临各种数学难题。通过这种方式，我们可以更好地提高我们的教学水平，帮助我们更好地理解所面临的各种挑战。同时，我们还可以通过多种方法来提高我们的教学效果，比如通过多元的情景模拟来提高我们的实际操作技巧，让我们更好地理解所面临的各种测验。通过扩展数学课程的方式、打破传统的授课形式、引入数学的实践性、探索数学的新视野、深入探究数学的实际应用，教师不仅可以通过对数学考试的研究来帮助学生更好的理解数学，还可以帮助他们更好的把握数学的实践技巧，提高数学的实践水平，最终获得更好的学业表现。

（二）由透析试卷表征到领悟试题实质

通过对各种形式的数学测验，我们能够深入理解学生的学习状况，并通过这些测验来判断他们关于数学的理解状况。这些测验能够帮助我们更好地理解学生的思维模式，并为我们提供有效的指导。通过对数学试卷的深入研究，我们不仅要把握其内容的发展趋势，还要深入挖掘其与课程标准、试题设计、测评方法的相互作用，以期给教师提供有效的参照，帮助他们更好地引导学生的发展。此外，我们还要结合最新的科技，深入剖析近几年的数学试卷，把握其核心内容，强调其关于培养学生的思维、运算、创造性的要求，并着眼于培养他们的创新精神与关键能力。为了更好地理解数学考题，我们需要对它们进行更加细致的研究，包括它们的种类、编排方式、难易程度的评价、准确的预测，从而更好地把握它们的本质。

（三）由研究试题特点到关注复习策略

只有通过深入研究试题的特点和考察要点，才能真正理解数学的核心内容。因此，我们需要采取有效的措施来提高学生的数学学科素养，并加强他们应对数学考试的能力。只有这样，我们才能在复习和备考中坚定信念，稳健地进行，并积极应对。通过深度学习的视角，我们可以更好地理解数学复习课的内容，加强运算推理，并且能够更好地展示思维过程。我们应该从数学思想和方法的角度出发，清楚地了解复习课的真正意义。在解决复习教学中的现状和问题时，我们应该重新审视复习课的内容、方法和过程，并基于深度学习和高阶思维培养来构建数学复习课。我们应该重点关注复习课的单元性、统一性和发展性，并加强它的情境性、活动性和深度性。我们应该重视它的学习性、综合性和批判性，并努力提升它的互动性、参与性和获得性。最后，我们应该反思它的差异性、高阶性和素养性。

（四）由精准解析到析出教学问题

考试是一个可以用来检测和纠正数学教学成果的工具。它可以帮助我们更好地理解课程内容，并且可以帮助我们更好地指导我们如何更有效地完成任务。然而，我们也可以通过对试卷的评估来发现一些潜在的问题，例如：模型识别不够准确，导致我们没有足够的信息来解决难题；我们忽略了课程内容本身，导致我们没有足够的时间来解决难点；我们没有足够的精神来支持我们的课程；我们没有足够的智慧来指导我们如何更好地完善我们的课程。。事实上，掌握良好的数学阅读技巧，以及运用这种技巧来理解、推理、分析等知识，都将为我们的未来带来更多的收获，而且这种技巧在培养学生的抽象思维、数学分析以及全面性的知识水平上也起着极为重要的作用。。

（五）由解析试题特质到促进教学变革

随着社会的不断发展，越来越多的考试出现，尤其是中考和高考，它们的覆盖面更加宽泛，涵盖的知识点更加全面，而且具有极为重要的社会意义。因此，对这些考试的深入分析和探讨，将有助于推动数学课程的改革，从而有效地提升学生的数学成绩。通过参加数学中考和高考，我们不仅可以了解数学课堂的进步，还可以更好地了解学生的学术背景和综合素养，从而更好地指导他们的学习和应用。因此，我们应该积极地利用各种手段，如分组活动、小组讨论、课堂活动、社会活动、网络活动，来推动数学课堂的改进和完善，以期让每位学生都有机会获得更好的数学素养，并且更好地应对未来的挑战。通过深入研究，探索有效的教学方法，及时处理课堂上的挑战，并且持续完善课程的设置、执行、考核、总结，最终实现期望的教育目的，激励学生取得更大的成就。

四、数学教学评价的思考

尽管数学教学评价的理论和实践已经取得了长足的进步，但仍有许多挑战需要克服，比如，重视结果而忽视过程、重视甄别而忽视发展、重视知识而忽视素养等；评价手段单一，工具和方法缺乏科学性，因此，有必要加强以下几个方面的努力。

（一）丰富评价主体，关注评价结果

以往，数学教学的评估仅仅由教育管理人员或相关教师来完成，这种做法严重阻碍了数学的有效实施，也阻碍了学生的潜能挖掘、能力培养。因此，在当今的课程改革及教育创新的背景下，应该扩大评估的范围，将学生、家庭、社会等多个因素纳入其中，构建一个更具包容性的、多元化的数学教学评估体系，以此来突破以往认定数学是一门艰苦的科目，以及以分数来衡量学习效果的偏见，从而促使学习的有效性、有趣性、有效性，从而提升学习效果。通过

对学生进行充分而有效的评估，教师可以很好地了解他们对于数学课堂内容、知识点、技巧等方面的兴趣，并且更加重视对他们进行有效指导。通过这种方式，教师可以很好地帮助学生提升自己的数学水平，并培养他们良好的思考、创新精神以及良好的人际交往。通过对课堂表现的全面检测，教师可以很好地掌握学生的学习情况，并帮助他们很好地提升自己的水平。我们应该努力减少对课堂表现的偏见，并通过多方面的评估来帮助教师很好地指导我们的教学，从而大大提高课堂效率。

（二）注重评价方法，精确评价内容

为了准确地衡量数学课程的教育效果，必须建立完善的、科学的、客观的评估机制。其中，定量分析应采取多种手段，如进行测试、调查、访谈等，以便获得准确的结果；而定性分析则应采取详尽的文字表达，以及通过实证的方式，如典型案例、现象的分析、思想认知的探究等，以便获得准确的结论，并且能够根据这些实际案例来完整地反映课程的教育效果。为了更好地评估考试的质量，我们需要对考题的内容和难易程度进行多角度、综合分析。此外，我们也需要加强对考试和课程标准的对比，并对相关试题的背景设计、难点、用途和价值进行更加细致的探讨。通过这些努力，我们可以更好地了解考生的学习习惯和素质，以及教师的教育工作和学生的学习成果，最终达到对考试质量的有效监测。

（三）聚焦高利害考试，拓展备考指导

通过总结性、诊断性、形成性、等多种不同的评价方式，可以更好地识别、筛选出优秀的人才，并且可以给予他们更多的鼓舞，从而提升他们的素质。尤其是以中考、高考作为衡量标准，可以更加全面地反映出孩子们的综合素质，从而更好地指导他们的发展。为了有效激励学生的潜在潜质，增强教师的专业技术，以及优化教育实施，当前的考试制度应该得到充分的考虑。因此，我们应该仔细探讨考试的准确性、合理性，以及考试内容和形式，以期达到最佳的考试效果。借助于这一理论框架，我们应该采取有针对性的复习计划，以实现数学学科的核心能力的有效提升。

第二节　数学教学评价的开展

在教育日趋竞争激烈的现实状态下，有效地开展数学教学评价，无疑会有助于数学教学活动的有效开展。随着信息技术、学校均衡化发展，人才多元化的需求，对数学教学评价的认识也会不断地发生变化。因此，要在理念和方法层面做好有效数学教学评价。

一、确立数学教学评价理念的要点

（一）基于数学教学评价理念的数学教学评价观

第一，要充分认识到数学教学评价不是对数学教学的简单回顾与总结，而是对数学教学进行系统的诊断与分析，是寻求数学教学进步的利器，要求评价者树立崭新的教育观、学生观、教师观、课堂观和教学价值观，就是为数学教学评价观奠基基本的思想观念。

第二，要基于解放的视角来分析和批判数学教学，要解放学生、发展学生，不唯师、只唯生，不唯教、只唯学，最终实现师生共同发展；在评价中提倡学生是数学教学的主体，不放弃任何一个学生，从最后一名学生抓起，让每个学生都能成为最好的自我。

第二，要基于解放的视角来分析和批判数学教学，以此来解放学生，促进他们的发展。我们不应该仅仅依靠教师，而应该依靠学生，并且应该以他们为中心，让他们成为最优秀的个体。在评估过程中，我们应该把学生作为数学教学的核心，不放弃任何一个学生，从最后一名学生开始，让每个学生都能取得最佳表现。

第三，我们应该充分理解数学教师的作用，他们不仅是激发学生学习热情的促进者，更是传授知识的桥梁，帮助他们攀登知识的高峰，指导他们解决学习中的难题，并为他们提供有效的数学课堂资源，从而实现他们的最大价值。

第四，在数学课堂中，我们应该认识到，学习应该是一种主动的过程，应该由学生来完成，而且应该按照他们的方式去实施。因此，我们应该采用一种以学生为中心的评价思维，通过学生的表现来评估教师的教学方法和行为，从而推动数学教学的变革。

总而言之，我们对数学教学良好的愿望和先进理念只有落实到教学上，才能真正实现数学教学理想和教学目标。才能在遵循学生人性发展需要、遵循学生身心发展规律、遵循数学知识发展逻辑规律中探索有效的数学教学模式。

（二）在数学教学评价中尊重学生的数学学习权

随着整个社会的飞速发展，学习已经成为每一位学生的基本权利和义务，因此，尊重和认可学生的学习权，已经成为当今时代最重要的责任。学习权，不仅仅是指阅读、写作、思考、创造、理解和掌握自身世界、记录历史、获取教育等，更是一种全新的视角，它是一种对人类基本权利的重要界定。在数学教学评价中，我们应该充分肯定和尊重学生的基本权利，让他们能够真正体验到数学在日常生活中的重要性，以及它所具备的工具性、理性和美学等实用价值，并且能够深入理解数学的本质和特征，从而更好地认识和掌握数学知识，更好地发挥数学课程的作用，这也是数学课程改革的核心任务。因此，在数学教学评估中，应当充分肯定并尊重学生的学习权利，为他们提供更多的发挥潜力的机会，以及更广阔的思考空间。

第一，数学教学应该以人为本，让学生深入理解数学的核心思想，并将其融入到他们的学习中，让他们能够更加深刻地感受到数学的发展历程以及其所蕴含的文化意义。

第二，我们应该把学生的个性放到首位，让他们拥有更多的自主性，以便更好地发挥他们的潜能，并且能够更好地完成我们的课程设计。因此，我们应该积极地接受并尊重每个孩子的个性，以便让他们能够更好地发挥自己的潜能。

第三，为了充分认识并落实学生的学习权利，我们应该拓宽对于数学教育的认知，加强对于学生的个性化需求的认知，并且充分肯定他们的参与，让他们能够获得充分的尊严、自主性、自信心，同时也能够充分认识到他们的潜力，并且能够通过合适的方式来激励他们去实现自己的潜能，最终实现他们的成长。

审视现实数学学习权就会发现在数学教学过程中很多方面有意无意地剥夺或限制了学生的数学学习权，在教学设计就缺乏对学习主体的考虑，过多依赖经验与直观的表象进行教学设计，在课堂教学过程中，就突出地表现为教条化、模式化、单一化、静态化的施教样态。因此，要在数学教学评价中全方位审视学生的数学学习权，盘活数学教学资源，诊断分析学生在课堂内外活动的自由度（一定的发言权、思考权、表现权、交流权），数学活动离不开计算和证明，同样也离不开观察、实验、类比、归纳、演绎，以及直觉、想象、灵感等，这就要求教学不能模式化，评价不能刻板化，需更多地开放教学空间与评价时空，更多地与学生一起探讨为何要学和学后的益处，使用的学习方法，以及学习效果的检测，从根本上为学生学习权提供支撑。学生在学习过程中，出现错误和问题都是正常的，问题是我们教师以怎样的态度和方法去评析出现的问题，如何引导学生从错误中学习，以提升学生的基本品质，更进一步在数学教学中提供广阔的视角，让学生去看、去听、去悟、去写、去说、去感受数学。

二、数学教学评价方法

在数学教学评价实践中，最常用的方法主要有如下几种。

（一）观察法

由于评价主体的多元化和评价方式的多样化。课堂观察是数学教学评价最为基本的方法之一。通过观察对课堂的运行状况进行记录、分析和研究，并在基础上谋求学生课堂学习的改善、促进教师发展的专业活动。其中最为权威的就是崔允漷建构的课堂观察 LICC 范式。以下是其课堂观察的基本框架。

1. 学生数学学习维度的观察

数学学习准备课前准备了什么？有多少学生做了准备？怎样准备的？学优生、学困生的准备习惯怎样？任务完成得怎样？（含完成的数量／深度／正确率）？对这些准备的评价就是力促学生养成良好的准备习惯。

1）数学学习中的倾听

有多少学生倾听教师的讲课？倾听了多长时间？有多少学生倾听他人发言？学生能复述或用自己的话表述他人的发言吗？倾听时，学生有哪些辅助性的行为？（记笔记／查阅／回应）？有多少人有这些行为？对倾听的观察就是深入学生的学习行为，观察学生最基本的学习活动的表现。

2）数学学习中的互动

有哪些互动／合作的行为？有哪些行为直接针对目标达成？参与提问／回答的情况（人数、时间、对象、过程、结果）怎样？参与小组讨论的情况又怎样？参与课堂活动（小组／全班）的情况是怎样的？互动／合作习惯如何？出现了怎样的情感行为？这些观察是从动态的视角来评析学生的数学学习行为表现。

3）数学学习中的自主性

自主学习的时间有多长？有多少人参与？学困生与学优生的参与情况怎样？自主学习的形式（探究／阅读／记笔记／阅读／思考／练习）有哪些？各有多少人？自主学习有序吗？学习是个性化的过程，而数学学习的成效就在于学生自主性的发挥，唯有主动积极地投入学习过程才能取得数学学习的实效。

4）数学学习中的达成

学生清楚这节课的学习目标吗？多少人清楚？课中有哪些证据（观点／作业／表情／板演演示／评价）证明目标的达成？课后抽查多少人达成目标？发现了哪些问题？因目标有一定的生成性，所以要用动态发展的观念观察学生数学学习目标的达成情况，从而更加精确地调整课堂教学节奏。

上述是课堂观察中学生维度的主要观测点，其实学生在课堂中的表现十分复杂，要用很敏锐的视角动态去观察学生在数学学习过程中的行为表现，捕捉其内心的变化，特别是数学学习的情感态度及问答模式。

2．教师教学维度的观察

1）教师安排的教学环节

教学环节构成情况如何（依据／逻辑关系／时间分配）？教学环节是如何围绕教学目标展开的？是怎样促进学生学习的？有哪些证据（活动／衔接／步骤／创意）证明该教学设计的特色？教学环节主要由一些相互关联的数学活动

建构，每一个数学教学都应对应一个教学目标，因此，观察活动与目标的一致性就十分关键。

2）教师教学呈现的情况

教师讲解的效度（清晰/结构/契合主题/简洁/语速/音量/节奏）怎样？有哪些辅助性教学行为？板书呈现了什么？板书是怎样促进学生学习的？媒体呈现了什么？怎样呈现的？是否适切？动作（实验/制作/示范动作/形体语言）呈现了什么？怎样呈现的？体现了哪些规范？教师教学是教师一系列教学行为展现的过程，最为关键的核心行为是语言表达和组织、点拨、启发、互动等，这些行为直接影响教学效果。

3）师生间的对话

提问的时机、对象、次数和问题的类型、结构、认知难度怎样？候答时间多少？理答方式、内容怎样？有哪些辅助方式？有哪些话题？话题与学习目标的关系怎样？在数学教学评价中问答模式很重要，由于一个教师长时间和班上同学起学习数学，会养成一种固有的问答模式，需仔细观察与分析，助推形成良好的师生对话机制。

4）教师指导

教师是怎样指导学生自主学习的（读图/读文/作业/活动）？效果怎样？怎样指导学生合作学习（分工/讨论/活动/作业）？效果怎样？怎样指导学生探究学习（实验/研讨/作业/）？效果怎样？数学教学离不开教师的点拨与启发，而灵巧高效的指导十分重要和关键，不同的教师有不同的指导方式和风格，要在教学评价中精确分析教师的这种风格，使数学教师的指导更有力量。

5）教师教学中表现的教学机智

教学设计有哪些调整？结果怎样？如何处理来自学生或情境的突发事件？效果怎样？呈现哪些非言语行为（表情/移动/体态语/沉默）？效果怎样？数学教学机智是指面对复杂多变的教学情境下教师富有智慧性处理问题的能力，包括幽默的语言、灵巧的运作、灵动的活动等，使课堂充满着学习的乐趣。

3. 数学课程性质维度的观察

1）教学目标

预设的学习目标是怎样呈现的？目标陈述体现了哪些规范？目标的根据是什么（课程标准/学生/教材）？适合该班学生的水平吗？课堂有无生成新的学习目标？怎样处理新生成的目标？目标是希望教学所达成的愿望，教师会以或隐或显的方式将其融入数学教学活动中，而目标的实现就是数学教学活动的主要努力方向，恰当适切的目标设计极为重要，因此，要在课堂教学中仔细审视目标达成度，特别要关注生成性目标的功能和价值。

2）教学内容

教师是怎样处理教材的？采用了哪些策略（增/删/换/合/立）？怎样凸显数学学科的特点、思想、核心技能以及逻辑关系？容量适合该班学生吗？如何满足不同学生的需求？课堂中生成了哪些内容？怎样处理的？因数学知识的抽象性、逻辑性和应用性，使数学内容的呈现、表征、处理与别的学科有质的不同，要透过课堂观察品味教师处理数学教学内容的方式方法。

3）教学实施

预设哪些方法（讲授/讨论/活动/探究/互动）？与学习目标适合度如何？怎样体现数学学科特点？是否关注对学习方法的指导？创设了什么样的情境？效果怎样？数学教学实施中离不开运算、推理、猜测、交流、作图、合作等，既要有与数学强关联的活动，也要有与文化相关联的活动，要从中析理出精华，分析其实施的意境。

4）教学评价

检测学习目标所采用的主要评价方式有哪些？如何获取教/学过程中的评价信息（回答/作业/表情）？如何利用所获得的评价信息（解释/反馈/改进建议）？良好的教学评价用语是学习数学的润滑剂，要详细记录教师是如何增进或鼓励学生数学学习的。

5）教学资源

预设哪些资源（师生/文本/实物与模型/实验/多媒体），怎样利用？生成哪些资源（错误/回答/作业/作品）？怎样利用？向学生推荐哪些课程资源？可得到程度怎样？数学教学资源是帮助学习化抽象为直观的武器，好的教师会利用一切资源帮助学生理解数学原理和方法。

4．数学课堂文化维度的观察

1）师生思考

学习目标怎样体现高级认知技能（解释/解决迁移/综合/评价），怎样以问题驱动数学教学？怎样指导学生独立思考？怎样对待学生思考中的错误？学生思考的习惯（时间/回答/提问/作业/笔记/人数）怎样？数学课堂/班级规则中有哪些条目体现或支持学生的思考行为？学会思考是数学教学的主要目的之一，数学思考是有别于其他学科的思维，注重提升思维品质，不断训练学习的思维敏捷性、批判性、系统性和创新性。

2）课堂民主

数学课堂话语（数量/时间/对象/措辞/插话）怎样？怎样处理不同意见？学生课堂参与情况（人数/时间/结构/程度/感受）怎样？师生行为（情境设置/回答机会/座位安排）怎样？师生/学生之间的关系怎样？课堂/班级规则中哪些条目体现或支持学生的民主行为？观察课堂文化中教师是如何营建民主和谐的数学课堂教学生态是十分关键的观测点，特别是教学用语，一般习惯性用语会影响教学效果，开放热情的语言会激发学生学习的意志力。

3）课堂创新

教学设计、情境创设与资源利用怎样体现创新？课堂有哪些奇思妙想？学生如何对待和表达？教师如何激发和保护？课堂环境布置（空间安排/座位安排/板报/功能区）怎样体现创新？课堂/班级规则中哪些条目体现或支持学生的创新行为？创新永远是课堂教学的追求，一定要认真理析。

4）课堂关爱

学习目标怎样面向全体学生？怎样关注不同学生的需求？怎样关注特殊（学习困难/残障/疾病）学生学习需求？课堂话语（数量/时间/对象/措辞/插话）、行为（问答机会/座位安排）怎样？课堂中所表现出的特质从哪些方面（环节安排/教材处理/导入/教学策略/学习指导/对话）体现特色？教师体现了哪些优势（语言/学识技能思维/敏感性/幽默机智/情感/表演）？师生/学生关系（对话/话语/行为/结构）体现了哪些特征（平等/和谐/民主）？学生是存在差异化的学习体，因此，要用不同的方式关爱每一个同学，让其在数学课堂中感受到爱与眷顾，体会到集体学习的力量。

5）数学课堂评价

发现问题、提出问题、分析问题、解决问题的过程，信息理解、信息转换、信息编辑、信息选择的情况如何？数学问题解决过程的流畅性、变通性、复杂性等如何？一句温暖的话可以让学生享受长时间的乐趣，评价的力量莫过于此。

总而言之，上述四个维度对我们科学进行数学教学评价中的课堂观察提供了一个有效模型。在开展课堂观察与评价中还要明确评价目的，掌握评价方法，知晓评价内容，从而科学管理评价。

（二）调查法

调查也是数学教学评价的主要工具，是通过问卷、访谈、测试等方法来对数学教学活动质量进行评价的主要手段。可以对学生、教师、家长、管理者等数学教学共同体中的一些成员进行问卷，以诊断对数学教学问题的看法。这些方法需专业知识学习才能开展评价活动，其实最简单的一个方法就是模仿，在学习别人评价方式的过程中会激发创造性热情，也会创新性的开展自己的调查研究。

（三）其他

除此以外，对数学教学还要进行定性与定量相结合的评价，如对学生记忆及理解数学知识情况分析、学情背景知识调查（学情分析）、教材知识点分析、学习效果调查、学生作业作品分析（学生错题本、作业本、日常检测试卷等）、课堂小结知识树分析、数学思维能力评价、数学变式练习分析、数学课堂笔记分析、数学交流与表达效果分析、学生应用与表现技能分析，以及学生情感态度与价值观变化分析、学生数学成长记录袋分析等都是数学教学评价的视角。

1. 纸笔测验

在现实数学教学中使用最多的还是纸笔测验，为何这种评价是如此关键和重要？是因为可以省时省力的快速测验学生学习状态与效果，但如何编制一份具有高信度的测试题目才能达到测试目标是我们需要认真思考的重大问题。通常情况下教师遵循方便原则，使用现成的测试题，如此虽然能快速地检测学生数学学习，但往往会被虚假信息所迷糊，产生误判和不良的评价效果，因此，需要特别谨慎对待考试命题。如依据测验或评价双向细目表作为指引教学目标为横轴、教材内容为纵轴来进行考试，就能保证检测的科学性和准确性，建议教师通过查阅多类型的资料，编制成试题库，每道题应有清晰的检测目标，且具体指出欲测量的学习结果，测验题目要顾及学生阅读水平，应答水平及能力，每个测验题目应避免提供作答线索，测验题目的正确答案唯一、评分标准明确具体，且须经过专家审核（尤其是开放、探究题目），测验题目须经过再检查、校订过程，试题分布依据双向细目表，且题目内容依据有代表性等。

2. 数学作业设计

数学作业设计的评价也是不能忽视的评价维度。学生学习行为表现反映在课后作业的完成中，但许多教师缺乏对作业的研究与科学的评价。作业能体现出学生对数学学习的真实表现，因此，要高度重视作业。要把数学作业的布置与批改作为一个工程建设来抓。

作业中，可以清晰地看出学生对数学知识真实的理解程度、对数学问题的思考与解决方法，展现出学生分析和解决问题的策略，也可以反映学生对数学学习的态度，如按时完成、完成质量、作业整洁度，以及出错后的处理方式等。因此，要高度重视数学作业，不能仅仅停留在完成批改作业，而要作为一个课题来研究学生数学思维展现样态。也不能停留在课本作业的布置上，而要透过作业这一数学学习活动形式，拓展性地让学生思考和完成数学任务。

例如，可以布置一些通过操作、观察、比较、归纳等手段与不断深度建立数学模型类型的作业，使作业成为促进学生数学进步的工具。又如让学生测量一石块的体积？请你想办法测量它的体积，你有哪些好方法？用两条互相垂直的直线把一个正方形分成面积相等的四部分，有多少种分法？目前，我国的淡水资源非常紧张，因此，到处都在积极倡导节约用水，假如全中国每个人一天都能节约1滴水，每天可以节约多少水？这些水可以用来干什么？布置这些开放性问题，可以有效地训练和强化学生的数学思维品质，还可以布置些情境性数学问题，以及一些思辨性问题；也可以让学生用数学的知识和方法去解决类似作文的数学作文题（也可以叫数学日记），用写作的方式表达自己对数学的理解，如写对黄金分割比的思索，可以与自然、美学、历史等联系起来，融数学思考与分析在众多学科中的碰撞，既充分反映学生的数学思考过程和体验，又能展开自己的联想、想象与其他学科知识的连接；还可以让学生在作业上对所学知识的总结与提炼，学习体会和经验分享，解题策略和方法的收获与感悟、完成阅读中的困惑等，不断拓展数学作业的功能和价值。

三、影响数学教学评价效果的因素

评价主体自身的影响、被评价者释放的信息模糊及周围环境成为判断数学教学评价结果准确度的影响因素。如在数学教学中经常听到教师问懂了吗、是不是、对不对等，学生时常会下意识地予以肯定回应，其实未知其是否真会、真懂、真明白。还有作业、考试、上课、回答等中学生的行为变化复杂多样，给评价者带来许多判断困境，加上评价者本身存在的认知偏见或思维狭隘，加之经验的固着，往往影响评价者不能全面客观公正地对数学教学现象诊断分析，也就不能更加精确地分析学生的学习动机、态度、行为表现等；再如数学教师在评价学生和自己教学时也会犯一些主观或客观的错误，影响教学评价的价值判断。

总的来说，评价者面临价值判断时，思维狭隘会限制判断的客观公正；分析并做出一个价值判断时，证实会倾向搜集利于个人经验的素材影响数学教学评价；做出判断时，短期情绪也常使判断存有错误而影响数学教学评价；接受结果时，对未来走势过于自信而出现的不必要失误影响数学教学评价。为了克服数学教学评价中的一些问题，需要利用一切机会来探寻教与学的真相，随时随地进行调研，把即时性评价融入日常教学。同时要采用多样化的评价方式以弥补评价中的失误，包括书面测验、口头测验、开放式问题、活动报告、课堂观察、课后访谈、课内外作业及成长记录等，在信息技术快速发展的今天，也可采用网上交流的方式进行评价。每种评价方式都具有各自的特点，教师应结合学习内容及学生学习的特点，选择适当的评价方式。

四、科学运用数学教学评价信息

恰当地呈现和利用评价结果。评价结果的呈现应采用定性与定量相结合的方式。评价结果的呈现和利用要有利于增强学生学习数学的自信心，提高学生学习数学的兴趣，使学生养成良好的学习习惯，促进学生的发展。评价结果的呈现，应该更多地关注学生的进步，关注学生已经掌握了什么，获得了哪些提高，具备了什么能力，还有何潜能，在哪些方面不足等。

特别是合理使用高利害考试中总结的信息。随着数学课程改革的深入推进，高利害考试命题的思路正在向全面考查学生的数学素养、科学衡量学习能力与知识水平转变，这些转变导引教学变革，所以充分利用高利害考试的信息至关重要。近年来数学高利害考试题目、内容的质量不断提高，考查全面且新颖。

就数学高利害考试为背景，要注重数学思想方法与逻辑推理能力的考查；并与实际相联系，体现题目的应用意识；试题对基础知识的考查更加全面，且切合课标考查知识点；近几年，全国各地高利害考试中，数学试卷绝大多数都加大了对建模及探究过程的考查力度，且方式灵活多样，不仅关注试题的效度、信度、区分度，还在自洽性方面做了尝试。相应地，这些信息就要运用到高利害考试数学复习中，就要着力于培养学生的独立思考能力，并提升解题思维水平，对此教师要成为研究者，吃透试题才能有效地进行复习教学。这样才能抓住数学本质和重点，找准给学生提供帮助的时机，并且通过研究高利害考试命题趋势，帮助思考：在教学中最关注的学生思维品质应该是什么？怎样培养学生思考能力？怎样组织恰当复习活动，才能在恰当的时间点给学生数学思维发展机会？而不是单纯猜测高利害考试的命题，这样才能找到高利害考试的方向与现实教学的平衡点，真正做到抓基础落实、促思维发展。高利害考试中的数学考试涉及的问题多且杂，一是备考问题，二是应考策略问题，三是考后的反思与深化认识问题。对于高利害考试中数学科目的备考，最关键的通过认真精确的复习准备以应对挑战，将概念图、思维导图贯穿到中考与高考数学教学中，学生在繁杂的知识点中学会建立起知识系统，将偶得的学习方法积累成数学思维网络；在辨析错误概念过程中，将初高中的易错点一一列出；在漫无边际的题海中，可以自己编制试题与分析诊断。对此要以数学教材为依据，以课标为基准来备考与探寻应对策略。需要教师把中高考作为一个重大研究课题，从三个维度备考、应对、反思来深入系统研究，怀揣科学严谨的态度，对每一个维度进行更加深入细致和精确的研究，汲取智慧，摄取精华。

第三节　数学教学反思概述

一名优秀的数学教师，肩负着提高课堂教学水平的重任。其主要的目标是为了促进社会的进步，为了让更多的学生受到更好的培养。教师应该认真对待自己的工作，并不断地进步。只有这样，才能为社会做出更大的贡献。只有通过深入的反省，数学教学课程才会更加高效、可持续、更具活力。为了达到这一目标，我们必须充分理解数学教师教学反思的重要性，并且培养他们的反思意识、熟练运用反思的方式，以及培养他们的反思技巧，以便他们更好的发挥自己的潜质，提升自身的专业技能，达到更专业的教学。

当我们审视当下的教育现状时，我们发现许多数学教师都非常尽职，他们拥有一颗坚定的事业心，并且勤奋地从事教学工作。然而，他们的数学教学效果并不理想。经过深入研究，我们发现许多数学教师缺乏反思。反思能力的缺失已经成为阻碍教师专业发展的一大障碍，它阻碍了课程的有效实施和学生的主动发展，最终影响了教育事业的发展。

由于数学教师未能充分认知并认可反思的重要性，他们未能充分利用自身的专长，也未能建立起一套完善的反思体系，这就导致他们无法充分发挥自身的潜能，也无法获得足够的反思能力，进而影响他们的专业发展。

通过反思性分析，数学教师可以更好地理解和认识自己的教学工作，这不仅可以激发他们的教学权力，保障他们的利益，推动他们的教学发展，而且还可以激发他们的智慧，使他们能够以一种更加宽广的视野来审视数学教学，从而更好地把握数学教学的本质。

一、反思、数学反思的含义及特征

（一）反思的含义及特征

反思是思考、反省、探索和解决数学教育教学过程中存在的问题，具有研究性质。通过数学反思，人们可以更好地掌握和利用科学知识，提高自身的素质，深入探索和发掘科学知识的本质，以及更好地实践和应用知识。古代的扪心自问、吾日三省吾身等论调，都体现了人们不断探索和发掘科学知识的精神，这也成为了古代人们追求真知的重要手段。从泰勒斯（Thales），到苏格拉底（Socrates）、柏拉图（Plato）、亚里士多德（Aristotle），再到勒内·笛卡儿（Rene Descartes）、伊曼努尔·康德（Immanuel Kant），他们不断深入探索各种思维难点，并且不断加强反思。如今，反思已经成为一个普遍的词汇，而关于它的意义，不同的观点和理念会产生不同的结果，一般来说，会出现几种不同的理念。

1. 反思是一种心理活动

约翰·洛克（JohnRock）在其著作《人类理解论》①里面指出，通过反思，我们可以从一种新的视角去看待世界，从而发现更多的真相。他强调，通过反思，我们可以更好地了解世界，并从而更好地掌握它。因此，约翰·洛克提出的反思，自觉地把心理活动作为活动对象的一种认识活动，是对思维的思维。通过反思，我们可以获取一种新的、超越我们原有认知的概念，而且它更加深入地探索出我们的想法和意图。

2. 反思是一种认识论方法

贝内迪特·斯宾诺莎（Benedictus Spinoza）将反思的知识定义为一种理性的过程，它既是一种认识的结果，也是一种理性的探索。通过反思，我们可以更深入地理解认识的结果，并且可以重新认识这些认识的结果，从而不断提升我们的认识水平。约翰·杜威（JohnDewey）的反思是一种有意识且自愿的努力，旨在从既有观念中提炼出更深层次的认识，并将其转化为新的观念。他以证据、理性和坚实的基础为依据，不断地深入思考，从而获得更加完善的认

---

① （英）约翰·洛克；孙平华，韩宁译．人类理解论双语版［M］．北京：中译出版社，2019.

识。[①] 约翰·杜威（JohnDewey）认为，思考是一种深刻的、有意义的行为。

3．反思是一个过程与能力

反思是一个深入探索自身和世界之间关系的过程，它不仅可以帮助我们更好地认识自身，而且还可以帮助我们更好地理解经验的意义，从而更好地实现自我价值，并且可以更加全面地构建自我连续体，从而使反思成为一个完整的过程。反思是一种超越自身的独特能力，它可以帮助我们更深入地审视自身的行为和环境，从而更好地理解和掌握思维。

4．反思是元认知

换句话说，在元认知理论下，我们可以将反思作为一种认知行为，它指的是我们在认知活动中，根据材料、信息、思维和结果等因素，进行相应的反省和改进，并且能够更好地掌握和实现认知目标。虽然各个历史阶段、各种情境下，人类对于反省的概念有着各自独特的诠释，但他们都深知，反省既可以帮助我们更好地把握当下，也可能为未来提供有益的建议。

（二）数学反思的含义及特征

经过深入研究，我们发现，数学反思的核心要素是知识技能和内容，它们建立在对数学的深刻理解和实践经验之上，并且不断得到完善和发展。

1．数学反思及数学反思能力的含义

通过进行数学反思，认知者可以更好地认识到他们的行为、想法、观点，并且可以更有效地进行自律，从而更好地掌握知识，提升认知水平。这种独立的、有效的认知，不仅可以帮助认知者更好地掌握知识，也可以帮助认知者更好地应对复杂的情境。通过数学反思，人们可以更好地了解、掌握、运用所掌握的信息，从而更有效地进行数学思考，从而提升个人的智慧水平。这种智慧水平不仅可以帮助人们更好地了解、掌握、运用所学到的知识信息，而且还可以帮助人们更好地进行有效的管理、分析、判断、实施，从而更好地实现其目标。因此，数学反思的重要性不言而喻，它不仅仅体现在对现象的深入分析，而且还体现于对现象的客观评价，以便更好地了解提

---

① （英）理查德·普林（Richard Pring）著；吴建，张韵菲译. 约翰·杜威 [M]. 哈尔滨：黑龙江教育出版社，2016.

问的根源，更好地解决问题。为此，我们需要具备一定的陈述性、程序性、情境性、认知性的知识，来帮助我们更好了解提问，以便更好地实现问题的最终目标。通过研究，我们可以更好地了解如何根据不同的场景、社会文化、人际关系等因素，选择最合适的学习资源，以便更有效的利用所学的知识与技能。三种基本的数学思维方式是实现有效的数学反思的基础，因此，掌握它们至关重要。

2. 数学反思的特征

1）强烈的问题意识

通过数学反思，认知者可以建立起一道心理防线，从而让他们更加敏锐地观察和分析数学思维过程，并积极搜集相关信息，如果发现可疑或疑惑，就会立即进入反思状态，从而获得一种直觉的自我觉察意识，从而更加关注思维的目标和结果，并且提高解题技能和技巧。

2）高度的责任心

通过数学反思，我们可以培养出一种对自身学习和教学的高度责任感，从而更加清晰地认识到问题的存在，并以更高的标准来审视自身的教学思维活动，从而能够进行全面的比较分析，及时发现并解决教学思维过程中的一些问题，并积极调整自身的认知过程，从而推动数学思维的发展。

3）执着的探索精神

由于数学的极端抽象性，它的复杂性让人们的思考充满挑战，这种挑战可能导致他们的信仰、态度、意愿都被打乱，甚至对他们的价值观造成负面的影响。因此，一个具备良好的数学反省的人，必须具备勇于接受挑战、勇于面对困境、持续地反省的决心，这样才能给他们的思考带来持久的推动力，激励他们继续前行。

4）更大的开放性和灵活性

思维的开放性和灵活性体现在能够接受新的信息，对信息的反应敏锐，能够迅速理解并采取行动；对已有的知识，如课本内容和他人的建议，能够持有一种正确的态度，不是盲目地接受、盲从或拒绝，而是根据自身的经验和客观标准，有选择性地吸收；能够客观、公正地评价自身和他人的教学成果，并且能够正确认识自身的不足，采取有效的改进措施。

5）深刻的探究性

通过全面、系统地分析、综合考量，以及综合运用多元化的视野，我们可以发掘并实施针对数学教学的改善措施，以达到最佳的效果，但也要避免单纯地追求普遍的效果。此外，我们还要培养自身的数学教育思想，以及培养自身的审视、调整、掌握的能力，以此来提升自身的素养，并为自己的未来发展提供更大的支撑，以实现自身的价值。通过不断努力，我们将变得更加有规划地进行持续的学习和培训。

二、数学反思的技能与内容

明晰了数学反思的含义，还要知晓数学反思的技能与内容。

（一）数学反思的技能

数学反思的技能一般有经验、理论、分析、评价、策略等技能。经验技巧即为认知实体借助于经历直观地反映感知过程、成果及相关事情而具备的思维能力。理论型技巧是指认知实体以某一理论作为基础，相对理性地反映感知而具备。分析技巧就是能够理解、阐释、描述感知流程、结果，能选取最佳战略，能够在数学思维活动中科学分析等等能力。评估技能是在认知主体基于不同认知目的下判定感知过程与结果以及使用战略时能做出价值性评判，也就是能对其成效评判进行有效性评判并恰当归因之处。策略技能就是能恰当地利用应用多种战略进行思考这一能力，即能够针对思考所发现之处寻找提升的路径及方法的技巧。练习技巧就是能够将反思得到之成果付诸于练习之中来实现调控之目标这一技巧。事实上，数学思考这一知识性及技能也需动机兴趣、坚韧性及其他因素来维系并推进。认知主题能在数学思考期间长久地保持充沛活力，能够坚忍不拔、不屈不挠地克服艰难险阻、消除干扰、形成并提升自身的数理知识系统，是和上述要素密切相关。

（二）数学反思及教学反思的内容

从数学反思活动开展起始时间看，数学反思起着重要功能就是对数学思维进行监督、评估、调节，所以，可以发生于数学思维活动开展初、中、末期阶段。身为数学教师的数学教育反思主要指向于数学教育反思，数学教育教学思维开展起始前，反思教育方案合理性与实效性问题；数学教育教学思维开展起始时反思教育思维是否严谨、精确、开放等；数学教育教学思维开展起始时，审视全程教学思维方案落实执行成效，并对其得失进行归纳。

事实上，数学教育思维过程中时刻都有诱导思考的要素，但是数学教育教学思考过程中产生思考又属于一种内隐性的过程，不能从外在觉察，所以只有运用口头报告法或者事后记忆法才能体会到。因此，数学教育思维活动前后及中的思考一般难以被关注，但是数学教育思维活动结束后的思考则较受关注，并且研究成果较多，原因在于数学教育思维活动结束后，成效已经显现，错误也容易被揭示出来，而且事后的记忆往往比较好地操作。

通过深入探究，我们发现，在数学课堂上，思考主要集中在三个部分：目标、步骤、成果。这三个部分构成了整体课堂，我们需要不断地反省自己的课堂。需要关注目标，比如课堂上的难点，探究课堂上的内容，并且不断地改善我们的课堂氛围。通过深入的反省，教师可以更好地了解数学课堂的设计、实施和评估，从而更好地指导学生的学习和发展。此外，教师还可以从中获得更多的启发，比如改善解决问题的方法、提高口头沟通的能力，并且更好地掌握数学的基本概念。

通过数学教学的反思，可以将其分为四种：首先，通过经验性的分析，以获取更多的教学经验，深入探究所需的知识点、技巧；其次，通过综合分析，将相同类型的数学问题的解答方案归纳出来，以提炼出更加完善的数学理论；再次，通过创新的视角，以更深入的理解，将所获得的知识点、技巧运用到实践中；最后，通过正确的方式，避免出现失误，以提高课堂效率。强调通过及时发现和分析错误，深入探究导致课堂效果不佳的原因，以此来进行教育反省。

三、数学教学反思能力及影响因素的认知

（一）数学教学反思能力

数学教师的反思能力是一种重要的技能，它可以帮助他们发现并解决数学

教学中的问题，并通过自我反省来不断改进和完善。这种能力不仅帮助他们更好地掌握数学教学的方法，并且可以帮助他们更好地评估自己的教学效果。通过这种能力，他们可以更好地控制、管理、检查和分析自己的教学思维，从而更好地实现自己的教学目标。一般来说，反思可以从日常开始，逐步深入到被动反思，再到主动反思，最后达到自觉反思的水平。

第一，日常反思阶段，即数学教师在日常教学中，有意识地检查和调整课堂内容，以达到更好的教学效果。

第二阶段，即被动反思，是指数学教师在实践中遇到的挑战，需要不断地反思，以便更好地解决问题。这一阶段可以通过收集和分析同行的教学建议，来激发自身的反思能力，从而更好地实现目标。

第三阶段，是一个主动反思的过程，它要求认知主体积极地进行自我监督和调整，以达到最佳效果。

第四阶段，数学教师应该深入反思，以便更好地掌握数学教学活动的过程，并且能够自觉地进行反思，从而达到自我意识的高度。

然而，因为各位数学教师教学反思能力培养存在不平衡，一方面是因为由于反思能力培养发展受其他技能所限制，另一方面是因为反思能力属于一种更高层级认识性思维活动，培养时间本身就相对滞后，还与教师认识性思维方式、反思性的知识性技能获得性情况及教师整体素质有一定关系。

（二）影响数学教学反思能力发展的因素

数学教育反思才能培养影响因素很多，有其内在和外在因子之分，内在因子包括数学教师认识结构、智力结构、心理特征等；外部因子包括教学情境、学习情境、人际关系交往等等。无论什么因素都可以削弱数学教学反思力量的提升，所以，数学教师应该持续改善自身的认知架构、充实自身智慧架构、提升个体的心理品质，运用一切有利外部条件下，全方位多角度地对自身数学教育情境进行系统、综合地剖析与检测，提高对于数学教学反思认识程度，纠正对待课堂教学反思的态度，把握好数学教学反思的方式方法，提升自己的数学教学反思力量。

四、反思性分析的价值

教师进行反思是数学教师专业发展的关键，它不仅能够激发教学智慧，更是教师履行职责的基本要求，是对学生、家庭和社会负责任的体现。通过反思性分析，教师可以让数学课堂更加生动有趣，并且能够及时调整自身的教学方法，保持教学尊严，为学生提供优质的学习体验。

（一）反思性分析是教育动力机制的核心源泉

这一反思性分析对数学教学文化具有维系、检验、促进之功，这种源泉所给动力源头活力十足，让教师能够深入地认识到进行数学教学的意义在哪里、深刻体会进行数学教学的价值，品味数学教学的甘甜，改进数学之设计，保障数学之权，促进师生高效交往，使数学之天地焕发出应有的生机和朝气。

（二）反思性分析是凸显数学教学生命力量的源泉

进行反思性分析可以帮助我们提高我们的工作效率，并且可以让我们的工作变得有意义。这种方法可以帮助我们将数学教育的理念和我们的工作经验结合起来，让我们的工作变得有意义。我们可以从这种方式获得灵感，并且可以帮助我们的工作变得有意义。。通过对数学课堂的深入探究，我们可以发现，通过对计算、推理、直觉、分析、感知、记忆、思考、经历和预测的积极参与，可以让课堂上的各种元素得到充分的发挥，从而提高课堂的效率。此外，通过对课堂上的各种情况的及时、准确的反思，可以帮助我们更好地掌握课程内容，并且能够更好地将课堂上的内容融入到课程的实践当中。

（三）反思性分析中的问题识别与分析是数学教学进步的象征

在反思性分析的过程中，准确地发现并解决问题对于推动数学课堂的发展至关重要。因此，教师们应该抱着一种负责任的、谦逊的、深入自我检讨的态度，以及全面审视的眼光，运用科学的思路来探索课堂的深层含义，并且建构出一套有效的课堂评价体系。尽管进行反思性分析的过程充满挑战和困惑，所遇见的问题会深深地打击着我们的精神，让教师陷入一种沮丧和绝望的情绪，甚至会让他们开始质疑数学课堂的价值，质疑他的教育技巧，并且因此而深深地责备他的行动，但这种深刻的思考却是一名优秀教师的基本素养，它不仅仅需要付出极大的努力，更需要坚持不懈的努力，以便建立起一个完整的、客观的、理智的自我认识。通过建立一种具有深刻反省意识的教育文化，培育一种独立的批判态度，建立一种有效的沟通渠道，以及一种有效的纠错和改善的方式，来突出每一位教师的独到之处，并且以此来深入探索和发现数学课堂的核心内涵。

（四）反思性分析可以增强学生运用知识的能力

通过反思性分析，我们能够改善我们的数学课堂，让我们的课堂氛围变得更加活跃，让我们的课堂能够帮助我们的学生发展。通过深入的反省，我们能够让我们的课堂变得更具吸引力，让我们的课堂能够真正帮助我们的孩子们取得优秀的表现。此外，通过反省，我们还能够培养一种健康的反省心理，促进我们的沟通，让我们的课堂能够真正发挥作用。通过对日常所需的信息的全面掌握，我们可以更好地指导和帮助学生，让他们更加清晰地了解和掌握数学，并且通过对课堂内容的分析和探究，更好地提高他们的学习效率，让他们的成长受到更多的关注和支持。

（五）反思性分析可以增强数学教师教学素养

通过深入的反思，可以更好地了解教育的重要性，并且能够更好地提升数学教师的专业能力。此外，通过具备独立性的反省，可以帮助教师更好地发现并梳理课堂上的不足，比如：我们是否能够正确地认识到课程的价值？您认为您的课堂表现如何？您的课堂上您所提供的信息和建议能够帮助您更好地理解和掌握知识？您的课堂氛围如何？您的学生和其他专业人士如何看待您的课堂？您认为您的课堂内容和方法能够满足他们的学习需要？通过深入探索和实践，我们可以检验自己的数学教学是否达到了新课程的要求，并且通过反思和审视，让自己的教学过程变得更具有效率和实效。通过这一过程，我们可以让自己的教学过程变得更具有意义，让自己的教育观念变得更具体，让自己的工作变得更具体，让自己的生命变得更具意义，让自己的工作变得更具挑战，让自己的工作变得更具创造性。通过对自己的反省和评估，我们可以获得宝贵的知识储备。

（六）反思性分析的特征与教师职业的基本特征相符合

通过不断的反思和评估，可以更好地指导学生。作为一名优秀的教师，我们应该具备良好的逻辑推理和批判精神，这对于我们的工作和生活都非常重要。我们应该不断地探索和总结，从而更好地指导孩子们的学习和生活。我们应该不断地改善我们的工作方式，使我们的工作更具创新和高效，从而更快地取得更大的成就。为了更好地推进个人的职业生涯，应该积极地进行反思性的分析，以确定其具备的特性，包含：系统化、稳定性、敏感、多样性、可操作性等。此外，还应该培养一颗充满激情、勇于挑战的心，积极地进行内部检视、不断改进。通过对过去的教育经验的深入反省，以及对未来的探索，我们能够更加清晰地了解和把握当前的数学课堂，从而激发出更强大的教师能动力，并从理论和经验的结合中获得更多的洞察，从而构建一个更加完善的反思型课堂，以及更加有效的教育方式，来呈现出一个全新的数学课堂。

第四节　数学教学反思的方法

要进行有效的教学反思，突破数学教学反思的困境，首先就要从反思性分析的意识与方法入手，然后采用更加有效的方法与策略进行数学教学。

一、反思性分析

（一）反思性分析的基本内涵

通过反思性分析，可以更好地理解数学教学的过程，并建立起主体、过程、客体、方法、决策和结果之间的互动关系。这种关系可以帮助我们更好地掌握数学知识，并为学生提供更好的学习体验。通过分析思维，数学教师可以更加深入地探究和分析各种因素之间的关联，从而提高教学效果。这种分析思维不仅可以帮助教师在课堂上更好地把握知识点，还可以帮助他们更好地理解和掌握知识，从而提升教学文化的水平。通过这种方式，数学教师能够更客观地评估自己在教学过程中遇到的问题，并且能够摆脱对教学的局限，更好地理解数学教学的真正意义。

在教师文化视野下，进行反思活动不仅仅是一种教学方式，更是一种对教育目标的实践，一种对教育责任的认知，一种对个人价值观的认知，一种对当下的认知，一种对未来的认知，一种对自己的认知，一种对学生的认知。通过进行反思性分析，可以更好地关注和评估课堂，并以此为基点，不断地审视课堂教学，以便发掘教学的不足，并以此为借鉴，不断改进课堂教学，以达到最佳的教学效果。通过进行反思性分析，能够更好地了解并评估教师的教学方式。这种方法既能够揭示出课堂教学的各种问题，也能更加清晰地理解课堂的真正内涵。它既能让教师更好地理解课堂的本质，也能够更好地展示教师教育理念。

反思性分析不是一般的反思。它是反思文化的一种凝练。教师成长中的反思性分析更是教师教学文化本质的探微，是教师成长过程中极为重要的动力源和助推器，不断提升数学教师的反思品质，促进数学教师的立场与经验（直接经验、间接经验、回忆性与期待性经验），促使数学教师对处在因果性与时间性的教学流中的所有因素进行批判性思考，从而提升教师数学教学生命的质量。

（二）反思性分析的基本特征

通过从理论上的分析，我们发现，在数学教师的成长过程中，反思性分析具有以下几个显著特点：

1. 实践性

通过反思性分析，数学教师可以更好地了解和把握课堂教学的知识点，并可以有效地运用这些知识点来解题。这种能力不仅可以帮助教师更好地了解课堂教学的内容，还可以帮助他们更好地顺利完成课堂教学各项任务，从而实现既定的目标。通过将其运用到日常生活中，我们可以将其作为一种指导和帮助，来提升我们的数学教育课堂效率。在进行数学教育上课时，我们应该不断地审视自己的教学，以便我们能够更好地适应课堂教学的需求。我们应该重视课堂教学的每一个细节，并且不断地改进我们的课堂教学。通过深入的反思，我们可以更好地了解课堂教学的目标和重点，并将这些信息与课堂教学的方法和目标相结合。这样，我们就可以更好地制定出有效的课堂决策，并在课堂教学取得更好的成效。

2．批判性

没有对现状进行深刻的审视，就无法真正体会到人类的价值，因此，在数学课堂上，要想让每一位教师都能够发挥出最大的价值，就必须将反思和审视融入其日常的教育工作之中，用一种客观的态度去审视和评价他的课堂。通过批判性的反思和分析，我们可以更好地理解和掌握我们的工作，并且可以更加全面地了解我们的工作。我们可以通过不同的方法来更好地理解我们的工作，包括但不限于我们的专长、技巧和经验。我们可以更加全面地了解我们的工作，并且可以更好地指导我们的工作，以便我们的工作更加高效和成功。通过这种方式，我们可以持续提升数学课堂的效果，展示出它的本质。

3．内在性

反思性分析能够帮助我们更好地了解我们所接触到的事物，并将其转化成我们能够更好地应用于实际情况。作为一名数学教师，我们需要经常地审视我们所接触到的事物，并努力去发现它们背后隐藏着什么样的价值观。这种方式能够让我们更加敏锐地发现事物本质，并将其转化成我们能够更好地应用于实际情况之上。当谈到数学课堂，人们常常会问：它究竟有没有帮助到学生？它不仅仅只是传授知识，还能培养他们独立地思维和解决的能力？但实际上，只有当人们深入理解并实践数学课堂，才能更好地掌握它，并将其发挥出最大的效用。。通过进行反思性分析，我们可以深入了解个人的情绪、信念、信仰，从而帮助我们改变我们的行为。教师的行为应该以实际的目标为导向，以实现理想为目标，以持续的努力为目标，将即时的感受、持续的心理状态以及焦虑、悲伤、快慰等各种因素融合为一，从而让我们的课堂变得充满活力，让我们可以从中获得快乐，让我们可以真正地欣赏到数学教育的魅力，从而实现海德格尔的理想。拥有一种淡定自如、宽容大度的心境。

4. 持续性

作为一名教师，我们需要定期进行反思，并将当前的想法与下一次的想法联系起来，以便形成一个长期的、系统的、完善的反省。我们应该将每一次的反省都融入到我们的课堂上，让它们变得更加丰富多彩。尽管我们可能会遇到一些困难，甚至会感到沮丧，但我们仍要坚信，我们的反省能够帮助我们提高我们的数学水平，并促进我们的教育工作的发展。。作为一名教师，要想获得自身尊严和专注，激发出对于数学课堂的热情，展现出它最原始的面貌。

（三）反思性分析的方法

通过反思性分析，我们可以发现它的重要性。无论何时，我们都应该充分利用它来提升我们的工作。因此，我们需要熟练运用各种科学的方法来提升我们的工作水平。通过反思分析，我们可以帮助我们理解并评估我们的工作，从而提升我们的工作。在接受反思分析的整个过程中，教师的态度、行为和方式都将影响其评估的结果。这些评估将体现教师的品格、价值观和道德观。在接受教师的评估中，态度、目标、动力和根源都至关重要。在这些领域，教师的态度可能被视为一种传统的、习以为常的，比如当遇到一些不好的学生时，容易产生消极的情绪，甚至选择逃避和疏远。。当我们的观点受到外界影响时，我们会调整自己的看法。在这种情况下，我们通常会从内心深处探索原因，并努力去解释它们。我们可以通过从事意图、目标和内在原则的分析来推断出我们的想法。根据特定的情况，可以制定出精确的分析策略。

1. 意向性分析

通过对自身的反省，我们可以使用意向性分析方法来提高我们的工作效率。这种方法包括对自身的经历、先入之见、未来的规划和可能的结果进行评估，并以此来指导我们的课堂实践。它既能够帮助我们更好地理解课程内容，又能够提高我们的工作效率。通过具备明确的目标，以及具备强烈的反省精神，我们可以建立起一种具备深刻反省的分析模式，从而激发出自我检讨的欲望，让我们可以从内心最根本的层面去审视、评价现状，并以此来获得更为明确的结论。为了让教师的数学课堂更加有效，我们需要采用意向性分析的方式。这种方式涉及到多个维度，比如：感官、记忆、期待和体验。我们可以采用多种不同的手段，比如调研、观察和推演，以获取更准确的数学课堂结果。在上课时，我们应该仔细关注学生的学习情况，认真聆听他们的发声，并且专注于每一个数学活动，以便更好地评估和分析数学教育。通过对教师的教学意向进行深入分析，我们发现，他们最初对学生的期望往往是不切实际的，仅凭以往的经验建立的期望很可能会被忽略，甚至不切实际。因此，我们应该从观察、调查和推测的角度，努力纠正以往的认知偏差，使期望值回归到合理的范围内。特别在内容设计时。这种反思分析的方法尤为重要，因为数学教学内容本身可能盲目的存在我们那个经验之中，但通过意向性分析就能形成确认、修正和拓展知识的路径。

2. 动机分析

通过动机分析，我们可以深入探索数学教学的历史，挖掘出内心深处潜藏的影响因素，激发潜在的热情，从而唤醒对数学的兴趣。这种反思的过程具有创新性，可以帮助我们更好地理解现象的根源，并为我们提供一个解决问题、解决矛盾和解开迷雾的出路。通过对教师的动机分析，我们可以更加清晰地了解他们在数学教学中的选择是否合理，并将其转化为一种有意义的分析过程。这样，我们就能够更好地理解数学教学的真正价值，并将其作为一种自我反省的行为准则。教师通过动机分析，不仅能够深入探究被关注的对象、过程、自我与他人、情绪与价值、意志、评估与信念、经验、态度等，还能够更好地理解数学教学的价值，从而为数学教学的发展提供有力的支撑，成为数学教学发展的重要标志。

通过使用多种方式，如批判性反思日记、事件描述和因果解释，我们可以更好地理解和评估一个教师的教育理念。这些理念可能包括但不限于：激励自己去探索更多的知识，激励自己去创造更多的情趣，从而更好地传播和推广知识。以具备批判性的反思日记来改善数学课堂，可以让我们更加清晰地看到课堂的情景，无论是以文字、言论还是图片的形式，都能够让我们更加直观地感受到课堂的魅力，并且能够更好地探索课堂的本质，以及其背后的动力和机制。所有的数学课程，包括课堂上的活动和练习，都蕴含了丰富的教育智慧。在整个课程的发展历程中，我们必须记住那些关键的、引起深刻影响的课堂活动，并将它们作为我们成功的关键。。通过进行动机分析，我们能够发现日常的教育模式所隐藏的缺陷，从而让教师始终保持一种谨慎的心理准备。很多数学教师都无从得知数学教学的根源，当被询问关于数学知识的掌握情况时，他们往往会表示毫无头绪，但事实上，他们的自大可能只代表了他们对数学的一片盲目，，他们的反省和探究的技巧和方式都很欠缺，他们无法准确地把握数学的本质，从而导致数学教学的效果受限。当被询问如何对数学教学进行评估的时候，大多数教师都会依据以往的经历来作出结论。由于缺乏对事物本质的全面认识，许多教师在提供数学课程时缺乏真正的内涵，从而影响了课堂的质量。因此，需要采用一种基于个体天赋、专长和性格特点的动力性分析，来建立一套完善的第二天反思性的评估体系。

3. 本质分析

通过辩证思维的方法，我们可以将某些特定的情况和一般的情况区别开来，从而更加全面地探究数学课堂上的问题。这样的思考能够激发出更多的创新思维，从而推动课堂的发展和改善。根据维特根斯坦的看法，所有的问题最终都会被归纳到语言上，因此，数学教育也同样受到语言的影响。无论是通过文字的方式来阐释，还是通过行动的方式来展示，这些方式才能够最终体现出教育的核心价值。透过深入探究，我们才能够更多地了解教育的内涵，从而更多地指导我们的孩子们，让他们更多地掌握知识，并且培养出更高的素养。通过此次的分析，可以更加全面地了解自身，以及所创建的课堂环境、执行的课程方式和取得的课程成绩，并且可以更加清晰地认识到自身的教育理想、态度和决策，以便最好地发挥其职能，最终达到课程的预期目标。

通过反思、联想和思考，我们可以使用多种不同的反思方式，如记忆法、过程法、验证法和重点法。此外，还可以从不同的人的眼光出发，如员工、学习伙伴、家庭成员和领导人，对问题的根源和原因进行更全面的了解。从不同的视野、不同的层面、不同的视角来审视和评估，我们可以更加清晰地认识到传统的强调训练、讲解和传授的重要性，从而更好地理解和实践，就是将教师和学生作为核心，让他们的认知、理论和态度得到充分的表达，从而推动数学课堂的改革和创新，实现教育的目标，实现教育的理想。通过开放的视野，让我们能够更好地理解和掌握数学，让我们能够将外部的资源、信息、想法、愿景、智慧和认知结合起来，让我们的课堂更加有趣、有意义。

二、分析性工具之教学日记

（一）教学日记是一种对话艺术

日记是一种有效的方式来记录、梳理、总结、加深和深入探究当前的情况，它不仅仅是一种可以帮助我们更好地了解自身的方式，而且还能够帮助我们更好地洞察社会的变迁，从而更好地推动社会的进步。商务印书馆《四角号码新词典》[①]中提到天天记录生活经历的笔记为日记，日记即每天对所遇到的和所做的事情的记录，有的兼记对这些事情的感受。它不仅仅是一种记录，而是一种深刻的体验，可以帮助我们更好地理解自己的生活。

通过编写数学教学日记，我们能够更好地组织和改善当下的数学课堂环境，同时也能够收集和总结出更多的经验、智慧和创意，从而形成完善的数学课堂文化体系。这些日志不仅仅包括了关于课堂的叙述、实践经验、改进措施，还包括了教师们的见闻、感受和体会，它们都能够帮助我们更好地理解和掌握当下的课堂环境，从而更好地实施和改进当前的课堂任务。所有的经历和感受，都有资格被写入日记。

教学日记是一种分析性的记录方式，旨在帮助教师更好地了解课堂内容。它既可以帮助教师回顾过去，也可以帮助他们进行理性思考，从而提高教学质量。因此，教学日记不仅仅是一种记录流水账的方式，更是一种自我反省和提升教学境界的过程。通过这种方式，教师可以更好地了解课堂内容，并从中寻找更有效的解决方案。通过建构主义和程序主义的记忆观，我们可以将真实信息与当时的场景相结合，从而进行分析性记录。这需要教师采用多种记忆处理方法，并且要求学生在记忆过程中保持清晰的思路。如果没有进行教学日记，我们将无法将自己的教学体会和经验深入地融入到课堂之中，从而无法摆脱传统的教学经验主义的束缚。因此，将教学日记作为一种对话的方式，可以帮助我们更好地分析、发展和探讨自身的教学理念，并且可以更有效地表达出自己的教学问题。

书写一篇关于数学教学的日记，可以被称为一种独特的沟通方式。这种方

---

① 杨自翔.四角号码新词典［M］.北京：商务印书馆，1983.

式可以帮助你更好地理解课程，并将你的观点传达给他／她。这种方式可以让你更加专注于你的课堂，并为你的课堂提供更多的信息。这种方式可以帮助你更好地了解课程的重要性，并为你的课堂提供更多的知识。通过描绘出他们的生动的经验和有效的交流，我们可以更好地理解他们在课堂上的表达，从而激发他们的潜能。

通过写作，教师们不但可以回忆起他们的教学经历，更重要的是，它们帮助他们重新审视他们的教育方式，并且让他们更加深刻地认识到他们的职业道德，更加勇敢地去接受新的挑战，并且更加努力去改进他们的工作。

教学日记的系统性来源于它所包含的记忆和理性思维，记忆可以通过系统的方式被重新组织，而理性思维则需要有一定的逻辑性，因此，日记应该具有一定的组织性，以便更好地反映教学过程，尤其是一些关键的事件。通过分析关键事件及其对人类的影响，我们可以更好地理解数学教学的真谛，并从中汲取灵感，探索出有效的解决方案，以激发出更多的创新思维。

通过写日记，我们能够更加详细地记录我们的课堂经历。这些日记包含许多重要的元素，如背景、角色、内容、场景、文字等。通过描述这些信息，我们能够帮助教师更好地反省自己的课堂，更加全面地掌握课堂内容，并能够更好地将这些经历归纳为一个系统的、全面的、综合的概念。

通过撰写教学日志，教师可以将其视野拓宽，将其中蕴含的教学思维、实践技巧以及观点传达出去，从而更好地激发他们的潜能，让他们在这里获得更多的知识，更多的智慧，从而更好地实践他们的理念。通过写作，我们可以回顾我们的教育生涯，并用文字的形式来呈现我们在课堂上的体验。我们可以通过写作来发掘和纠正我们的教育缺陷，并将我们的收获呈现出来。此外，写作还可作为我们后期调整和完善教育策略的重要手段，从而促使我们的教育生涯得到持续的发展。

写教学日志可以帮助教师们更好地理解课堂内容，并且可以帮助其更好地把握课堂的重点。它既可以帮助你总结课堂上的经验，也可以帮助你梳理出未来的计划。它的目的在于帮助你更好地理解课堂内容，并且可以帮助你更好地应用所学知识。。通过写下这些数学教学日志，我们能够更好地反映过去、当下、未来，并且能够跨越时间与地域的限制，让我们能够更加深入地了解自己的教育理念，并且能够更加准确地把握自己的教育经历，从而更好地展示自己的教育体验。通过使用教学日志，我们可以作为一个反思和检验的工具，来评估我们的课堂效果。它可以帮助我们更好地观察和分析我们的课堂，并在此基础上探索和改进我们的课堂。通过阅读这些文字，我们能够摆脱沉闷的氛围，深入理解教师的专业技能，并且能够更好地将其转换成自己的经验和智慧。

（二）撰写教学日记是一种教育责任

教师的使命在于通过他们的激情、毅力以及魅力来帮助孩子建立一个更加完善的未来。他们有义务承担起这一重大的使命，并且相信他们能够胜任。在写下数学课堂日记时，我能够看到我的积极态度、坚定的信仰以及对工作的认真负责。。仔细观察数学课堂日志，我们可以看到，这不仅仅是一种描绘，更是一种深刻的回顾，一种激励，一种让我们更好地理解、探索、实践的方式。

数学教学日记是一种能够反映数学教师真实生活历程的方式，它可以帮助教师重新审视自己的工作，发掘其价值，探索有效的方法，并且能够更好地反映出他们的生活状态。因此，撰写数学教学日记是一名数学教师必须承担的责任，它可以让教师更好地表达自己的教学愿望和想法，并且可以更好地展示教学中的矛盾，从而帮助他们更好地调节身心，并且不断积累经验，从而更好地完成自己的教学工作。重新定义自身目标可以为自己创造一个更加有利的学习氛围，从而获得更大的成功。

编写数学课程日志是一项艰巨的工程，我们应该认真对待它，既要保证它的准确、客观和有效，又应该积极探究和反思，以便更好地理解和掌握课程内容。应该将撰写数学教学日记当作一种良好的习惯和教育方式，以促进个人的身体和精神发展，并且在实践过程中，培养出良好的沟通能力和创新思维，以及培养出良好的社交能力和责任意识，以此来提升个人的素质，并且在实践过程中，能够发挥出最大的作用。在这个时代，我们都应该认真负起我们肩负的教育职责，并将其纳入到我们每一天的课堂之中。身为一个数学教师，我们应该保持一颗善良而又热爱生活的心，并且经常进行内在思考，以便更加全面地了解我们所处的社会，并且在课堂上给予我们更多的支持，从而让我们更加热爱我们所在的领域，并且更加努力地传播知识。拥有强烈的责任意识，通过写作数学课堂日志，可以帮助教师深入反省并解决各种课堂上的问题，从而更好地构建课堂的整体框架，增强师长的教育理想，激发教师的积极性，并且将课堂日志当作一种自我管理的手段，以此来推动教师的专业发展。教学日记能够唤起理想，提供改进路径，凝聚教学智慧。这种宝贵的教育财富能够让数学教师更加深入地思考当前的教学情况、学生的实际情况和教师的教学方式，为他们提供一个更加宽广的视野，让他们能够更好地理解和应用所学知识，从而获得更大的成就。

在这种情况下，教师的工作就像一个负有教育义务的人，他们的工具就像一个日志，它涵盖了处理信息和做出决定的能力、检验经验、信仰、目标和价值观的能力、解释事情的能力、做出数据分析和给出办法的能力。因此，在写数学教育教材的时候，我们应该采用一种批判性、警惕性和记录性的方法，来建立一种独特的思维模型、实践意识和思考能力。。通过以数学教师的视角、运用形象化的语言、深入浅出的对话，来表达他们的思想，展示他们在数学课堂上的贡献，以及他们所肩负的重大职责，以简洁而有效的方式激发和指导他们的教学活动，让每一位受众都可以获得有价值的知识和经验。

（三）教学日记应当是一种教育制度性的对话艺术

教学日记是一种重要的数学教育制度，它不仅能够促进数学教育的发展，而且还能够帮助数学教师提高自身的专业水平，同时也能够激励学生不断努力，从而提升他们的学习效果。通过建立日记制度，我们可以更好地反思数学教学，并且为教师提供一个自我审视的平台。这种制度有助于缓解教师内心的焦虑，并让他们能够更好地应对外界的压力。通过这种方式，我们可以更好地指导教师，让他们更加专注于自己的教学工作。

通过建立一个完善的日志系统，可以使数学教师能够更加清晰地观察和分析他们的课堂表现，从而更好地把握课堂上的重要环节，并及时发现和解决课堂上的热门话题、重要知识和技能，从而提升课堂效率。此外，这种系统还可以帮助教师更好地管控课堂，提高课堂效率，并且可以帮助教师更好地总结出他们的经验和收获，从而更好地指导和改善他们的课堂表现。通过系统地梳理、归纳和概括，我们能够更好地推进数学课程的发展。

通过写作，一种能够跨越时间和地域的沟通方式被提炼出来。这种方式不仅能够让你的课堂内容保持新鲜，而且能够让你的课堂变得更加实用。通过这种方式，你不仅能够将你的课堂内容融入到你的课堂之外，而且能够让你的课堂变得更加丰富多彩。尽管教学日记包含了一些个人的观点、见闻以及思考，甚至会对某些信息产生偏差，但它们仍保留了一些传统的特征，比如客观地描述、深入的讨论、对已发表的内容进行再次阐述，这些都是教师们在编辑这些文章的时候应该遵循的准则，它们赋予了这些文章以活跃的气息。

教学日记在数学教育中扮演着重要的角色，通过这种形式，我们能够深入了解教师的信念、行动、过去、当前和未来。然而，我们也不应该忽略这种形式，应该努力在实际操作中体现这一特征，并且在理论层面也要进一步探究。通过这种方式，我们能够提高我们对于数学教学的认识，并且能够激发我们对于课堂内容的深入探究，从而使我们的工作能够取得成效。。通过改进语言，我们可以让它变得更具意义和价值。

教学日记作为一种教育制度性对话艺术，应该在数学教师成长过程中推动和培养高水平的对话意识。通过与课程、同行和名师等多方面的交流，可以更加深入地理解和探索数学教学，进而更好地掌握知识，提升教学才能，进一步提高教学。此外，还可以通过虚心学习他人的经验，参考他人的教学策略，分享自己的得失，进而更好地提升自身的水平，进而更有效地提高质量。通过从不同角度进行对话，我们可以获得数学教学的智慧。

通过这种多维度的对话，我们可以更好地指导学生的学习，开发课程资源，帮助他们成长和提升自身能力。这种教学日记不仅是一种教学文化的记录，也是一种对自身教学经验的深刻反思。

教学日记是一种提高平常日记质量的方法，它能够帮助教师更全面地了解数学教学。教师应该勤于观察、善于分析和及时记录，并且坚持不懈。如果教师选择每天写日记，那么它将会成为我们教学过程中的一个重要组成部分。在写作过程中，应该注重形式和内容的多样性，并且逐渐培养自己的写作习惯。随着日记的普及，它不仅可以作为一种表达数学教学心情和记录数学教学生活的方式，而且还能够更有效地传播信息，从而提升数学教学的价值。

三、分析性工具之核查表

教师们一直致力于探索和推动教育的变革，拥有高质量的教育理念和技能，才能够取得真正的成功。为此，他们必须利用各种工具，如数学课堂笔录、课堂评估报告、课堂调度报告等，以及各种其他方法，如核查表，它们既可以帮助他们更好地理解课程内容，也可以帮助他们更好地掌握课堂知识，从而更好地完善自己的课堂。通过对教学上各种可能的解释和评估，可以发现其背后的潜力，并且可能会影响到最终的结论。因此，有必要仔细研究和探究，以便发挥出最大的潜力，提升数学教学的水平。而核查表则可作为一种有力的手段，可以帮助人们收集、总结、反思和改善，使得他们能够有针对性地提升自身的数学能力，并且能够有助于提高他们的理论水平和实践能力，最终实现他们的理想和目标。通过对数学教育的研究，可以更好地了解当前的情况和发生的事情，并对存在的问题和流程进行整合，从而提供更多的信息和知识。通过对这些信息的分析和整合，我们可以更好地确定课堂的目标和重点，并为课堂提供更加有效的支持。

因此，全面研究核查表的形式、内容、结构以及它们的特点，深入挖掘它们所蕴含的数学教育价值，显得尤为重要。教师们掌握并运用核查表，其中一个重要目的就是培养核查意识，以便对自己的数学教学行为进行审视、评估、调整，以免自我欺骗，从而有效地实施数学教学反思。通过使用核查表，我们能够更好地了解数学教育中的重要事件，并将其作为沟通教师与学生、教师与文本之间的桥梁。这些核查表应该具有实用性、可靠性和拓展性，以促进专业发展和扩大智慧空间。

（一）学习维度核查表的形式与结构

数学教师需要不断地努力，以便在未来拥有一种全新、负责、专注于数学教学的态度。同时需要不断地探索和实践，以便在不断变化和发展中，提升专业水平。并希望通过不断地努力，让教学更加富有活力。由于数学教师的学习与普通人的学习有所区别，他们需要收集和整理有关的信息，并使用各种有效的工具来帮助他们掌握这些信息。他们还需要使用核查表来检测和衡量他们的学习成果，这样才能够深入了解课程的要点，巩固所掌握的基础知识，并且能够有效地帮助学生。

作为一名拥有深厚知识积累的教师，我们需要以一种更加独立的态度来指导学生的学习。需要培养他们的独立性，并鼓励他们进行批判性的思考。并希望学生的独立性能够帮助我们更好地进行教学实践，并且能进一步进行教学上的创新，这是教师和学生精神上的觉醒，能帮助学生更好地应对日常的问题。因此，作为一名数学教师，是有义务帮助他们实现更加光辉灿烂的未来。

教师自我学习在数学教育中至关重要，因此，确定哪些措施可以提高学生的学习成果，成为当前研究的热点。通常，数学教师可通过自我探索、聆听演讲、交流互动、进行个体化考察来提高自己的学习成果。在进行这些活动时，需要考虑到多个因素，包括理解目的、理解自己的角色、理解所面临的挑战、理解所接受的信息，并且需要在数学课堂上进行多样化的探索，从而更好地理解和掌握所接受的信息。通过定期使用核查表，数学教师能够更加深入地了解和掌握课堂内容，并且能够更加全面地评估课堂效果。此外，通过定期的评估，还能够更好地评估课堂效果，并且能够更好地指导和帮助教师提高课堂效率。此外，通过专业的阅读，也能够更好地提升个人的素养，并且能够更好地理解和掌握课堂内容，更好地完善课堂内容，提高课堂效果。深入探究教育中出现的思想、方法和策略，以及他们的独特见解，以期在课堂上建立起真正的公平与和谐。

核查在学习过程中可以分为三种形式：学习前的核查、学习中的核查、学习后的核查。这三种形式的基本形式结构和意义如下。

第一，学习前的核查。在开始之前，需要做一些必要的检测。这不仅能帮助教师更加专注于教学任务，还能帮助教师更加深入地理解学生的学习能力。通常，这些检测包括两项：①检测教学能力水平和学习兴趣喜好；②检测学业规划。通过使用这些检测工具，能够评估学生的能力水平和学习兴趣喜好，并且能够帮助他们改善学业方式和成绩。确定明确的学业目标是获取高质量教育的必备条件，因此，将其拆分、精简，以及将其变为可操作的学习任务，以便更好地完成。然而，这一过程可能会比较艰辛，因为需要借助多种多样的教育工具，以及定期的考试和评估，才能最终取得理想的教育结果。

第二，学习中的核查，旨在确保学习过程的顺利进行，包括但不限于：学习方法、任务完成情况、时间分配等。通过定期的核查，可以更好地评估学习效果，从而提高学习成果。此外，还可以使用一些工具，比如索引卡片、概念图、心里地图和记忆检查表，来更好地评估学习效果。

通过实施任务驱动的策略，能够更好地激发学生的学习热情，并且通过对我们的工作表现进行评估来加深教师对自己工作的认真负责。在这种方式下，教师的工作重点包括不断深入地掌握和拓宽数学专业知识，以及将课程内容有机地融入到实践之中。随着课堂改革的持续加强，数学教师的授课观点、授课内容、授课策略以及授课管理等均有了显著的转型。因此，利用核查技术来有效地实施有针对性的授课计划、任务安排和授课时间安排，是提高授课成功的关键所在，只有这样，才能够从中体会到掌握知识、提升思维的快乐。

3. 学习后的核查

学习是一个持续的过程，每次完成一项任务后，学生都需要对自己的学习效果进行审查，以确保其掌握了知识，并能够将其运用到实际中去。

数学教师的工作需要将多种技能和知识融入到课堂上，以便能够快速、准确地评估他们的工作能力。因此，制定一份完善的评估报告对于评估教师的工作能力和工作水平至关重要。这份报告应该既具备教育意义，又能够及时收集和分析教师的工作情况，以便及时调整和改善，并将这些信息用于指导教师的工作和生活。

（二）教学维度核查表的形式与结构

在数学课堂上，可以看到许多极具创意性的方法。通过使用核查表，可以更好地激发教师的思维和能量。通常来说，数学教师的教育过程包括三个部分：①制定有效的教学方案；②组织和执行各种教学活动；③对学习结果进行适当的反馈。经过三个阶段的检验，可以及早地发现课堂上的不足，并采取有效的措施来改善课堂效果。应该结合学生的需求和数学的发展趋势，不断完善课程内容，以便让课堂变得更加有趣、有效。

1. 设计环节的核查

在数学课堂上，教学设计能力对于一名优秀的教师至关重要。通过对课程内容和实际情况的全面分析，教师能够很好地指导和帮助学生把握知识点，提高教学的整体水平。此外，教师还应该积极参与课程的改革和创新，以提高教学的整体水平。由于课程的目标在于培养他们的数学能力，因此从学生的角度来看，课程的设计应该更加注重培养他们的能力。另外，课程的设计应该结合了课程内容、学生的需求、教师的专业知识和周边的条件，以便最好地满足学生的需求。

1）学生学情维度的核查

在建构主义教育观的指导下，通过对学生的全面评估，教师可以更好地制定有效的数学课程。可以通过调查的方式来了解学生对课程内容的理解情况，并收集他们的真实想法和建议。这样，就能够培养学生的倾听能力，让数学课程的效果得到提升，为提供优质的数学教学打下坚实的基础。

2）教师教学思维维度的核查

数学教师通过结合多种资源，运用最新的教学理念、方法和内容，创造出具有实效性的教学设计，以此来提高学生的学习成果。为此，必须对其进行严格的审查和评估。

2. 实施过程的核查

通过不断的评估和反馈，能够发现，在数学课堂上，师生之间的交流和合作对于培养学生的智慧、提升他们的思考能力和形成正确的价值观至关重要。

1）学生对教学情况的反馈

进行数学学习的主要对象是学生，同时数学教学也为其服务。教师应该通过观察他们的日常表现来评估课堂的教学质量。这样，才能更好地指导他们，培养他们的良好的学习态度，并为他们提供更好的学习环境。

2）教师课后对教学情况的反馈

课堂教学是激发学生兴趣的重要渠道，数学教师应该利用各种评估工具来深入了解学生的学习情况，以及他们对课堂内容的反馈。由于数学教学的复杂性和变化性，教师应该经常参考同行的教学方法，并将其与自身的教学结果进行比较，以便更好地评估自身的教学效果。

作为数学教学的组织者和管理者，数学教师的职责是确保课堂教学的有序进行。为了更好地掌握课堂内容，可以向学生和同事询问，并获得他们的宝贵意见。这样，就能够更全面地了解自己的教学情况，并且能够更好地改进课堂教学。

3. 评价环节的核查

评估是教学的一个关键部分，无论是定期的或者即时的。它们对于提高数学课堂的质量至关重要。因此，使用核查表可能会被视为一种监督，旨在确保教师能够准确地衡量他们的工作质量和结果。其主要表达的意思是：通过不断的反思，人们不仅需要进行自我调节，还需要根据外界的评估，作出有效的决策。因此，在进行数学课堂管理时，一种关键的方法便是通过建立一个有效的反馈系统，以便及时发现并纠正错误。此外，通过多种方式收集有关数学课堂的信息，比如视频、笔记、纸张等，也有助于提高课堂管理的效率。教师要脱离对反馈的担忧，才有助于教育事业发展。

尽管从不同的视角来评估数学课程的过程可能会带来一定的偏见，但从学生、家长和专业人士的角度来看，这种方式更能够深刻地反映出数学教育的真实情况。

（1）对于学生的表现，应该进行全面的核查，包括作业的批改情况、教师的课前准备情况以及考试的实际效果，这些都具有重要的问责意义。

（2）家长对孩子的数学学习非常重视，因此，应该制定一份全面的家长维度核查表，以便更好地了解家长的看法和建议，并且有针对性地采取行动，以提升教师的数学教学水平。

（3）通过对数学教师的同行维度的评估，可以更好地了解他们的教学方式，并从中吸取成功经验教训。这不仅有助于改进教学方法，也能改善学校管理，促进学生的学习兴趣。

4. 研究维度核查表的形式与结构

通过科学的思维态度和方式，如求真务实、严格管理、定性分析和量化刻画，来探索问题，这一过程就被称为探究。数学教师的专业发展离不开教学研究，它不仅能够深入了解数学教学的现状，而且还能够为他们的专业发展提供有力的支持。通过深入的研究，可以让教师不仅掌握数学学科的基本概念，还能够深入分析数学教育领域的各种现象，从而为他们的专业发展提供强大的动力。因此，应该创造一个有利于教师专业发展的环境，并以一种新的数学教师理论研究文化为指导，制定出一套完善的研究核查表。

数学教师应该努力挖掘出自身的数学教学智慧，以此来抑制错误，激发内心的活力，并且通过研究来提升自身的权威感和价值观，从而获得更多的自信和坚强。通过对研究的深入审查，可以更好地展示出它的力量和影响，从而让它在专业发展中发挥出最大的价值。

数学教师的研究通常包括八个步骤：①提出重大问题；②确立明确的目标；③制定一个科学的计划；④将大型课题分解成容易理解的子课题；⑤确立一定的假设作为基础；⑥接受这些假设（公理）；⑦收集必要的信息；⑧并不断重复。经过系统的研究，可以发现，从选题到结果，从文献资料到方法，从理论基础到规范，都需要进行精细的审核。为了确保考核的准确性，设立了问题式、分级式、瞬时核查表和长时核查表等多种形式的核查表。经过严格的审查和评估，可以有效地激励数学教师深入探索和实践，从而更好地满足当前数学教学的需求。为了更好地满足研究规范的要求，教师应该努力提高数学教师的研究能力和水平，并在研究过程中感受到研究对于激发数学教学智慧的重要性和成果。

第五节　智慧课堂数学教学评价研究

近年来，随着科技的飞速进步，使得教育的方法也在改变。在这种情况下，如何让教师能够更好地运用信息技术来改善课堂教学，实现教、学、评的闭环管理，是构建一个高水平的智能化教室的必备条件。在这一部分中，将探讨使用智慧之笔平台来提供更加精确的指导、授课、学习和评估，以便更好地将教、学、评的目标结合起来，创建一个具备信息技术和人性特质的数学教学课堂。

一、智慧课堂下高等数学教学实践

（一）课前导学

导学是一种有效的教学方式，旨在协助学生更好地了解和把握所学知识点，并运用所学技能来实现自主学习。为此，教师可以利用纸笔智慧平台，提供针对学生学习情况的导学案、微课、问题清单、课件等多种教学资源，以便学生更好地了解和把握所学内容。学生在规定的时间内，通过自主预习的方式，将所获得的知识点上传至智慧平台，并利用智慧平台的数据分析功能，形成多维度的预习分析报告。教师可以根据这份报告，采取有针对性的备课方案，以达到更加精准的教学目标，从而提高课堂教学的效率和质量。

（二）课中研学

通过对学生的自我反馈，教师可以更加有针对性地安排课堂活动。这样，就可以更好地帮助教师确保他们掌握所需的知识，并且更容易指导他们完成任务。通过这种方式，可以更好地管控课堂，提高教学效率。通过对学生的课堂笔记、限制的练习任务以及相关的数据的收集与处理，教师可以更好地掌握学生的学习情况，并能够对其学习表现做出准确的评估，从而更好地指导教师的教学，提升课堂的质量。通过利用纸笔智慧平台的强大功能，教师可以更加精确地掌控学生的学习状况，并且通过定期的测试和评估，为他们的学习和发挥打下坚实的基础，从而更好地完成个性化的作业，从而达到更高的效果。

（三）课后拓学

采用先进的技术，对纸笔智慧平台的数据进行分析，能够更好地帮助教师与教师之间更好地发挥课程目标的作用。此外，教师还能够通过该平台监测学生的学习状态，并及时发现和解决他们的困惑，从而更好地传达知识。根据课后的学习状态，为了更好地指导学生，教师需采取一系列的措施，教室可以根据学生的需求，为他们量身定制了一份专属的课后作业，并且要求他们在规定的时间内完成，以此来帮助他们更好地掌握知识，并且能够更快地完成任务，从而达到更好的学习效果。

二、智慧课堂下高等数学教学评价反思

在课堂上，教师的教学能力、学生的学习成绩以及是否达到了教学目标，以及是否能够有效地解决教学中的重点、难点和疑点，都取决于及时、有效、

准确的教学评估。这种评估方式主要表现为对学生学习情况、学习成果以及基础知识的培养等方面的评估。通过智慧纸笔平台，可以使用信息技术来全面收集和分析数据，并对其进行准确的学习评估。

1. 学习状态的评价

学生的表现对于他们的未来发展至关重要。使用智慧纸笔平台，能够实时收集和整理有用的信息，包括作业、活跃的讨论、互动活跃的氛围。这些信息将有助于我们更好地了解和指导学生，并有效地实现他们的学业目标。

2. 合作交流的评价

在这个时代，课堂已经变得越来越重要，它不仅仅是落实立德树人的主战场，也是培养人才的主要途径。智慧纸笔平台利用自主学习小组的学习情况，收集学生主动参加的学习活动的频率和学习效果的统计，并对学生的学习情况进行客观评估，以便为教师和家长制定有效的指导方针。通过这种方式，可以建立一个优秀的学习氛围。

3. 学习效果的评价

通过使用智慧纸笔平台，教师可以实时地衡量学生的学习情况，这不仅仅是一个衡量教学质量的方法，更是一个关键的步骤。通过这种方式，学生不仅能够更好地掌握知识，还能够更加准确地反映出教师的授课水平，并且其还能更加精准地反映出学生的学习情况。

信息技术的发展已经深刻地影响了教育，并且将会改变未来。智慧课堂是一种利用信息技术来提升教学效率的方法，它可以帮助我们更好地管理教师、学生和评估者。在这个新时代，教师应该不断反思自身的教学方式，并努力推动课堂的创新，以便打造出具有时代特色的智慧数学课堂。

第七章

高等数学教学与数学文化融合研究

第一节　高等数学教学与数学文化融合的理论基础

近年来，我国教育体制改革深入实施，各所高校逐渐加大对高等数学教学的重视程度。数学文化作为人类文明的重要构成部分，是高等数学教学和人文思想的整合。高校要想提升高等数学教学质量，应该注重数学文化的渗透，并深度掌握数学文化的特征。本节通过分析文化观视角下高等数学的教学价值，以及数学文化的特征，探索高校中高等数学教学面临的困境，并提出相关解决措施，以期为高校的高等数学教学提供参考。

数学文化在数学教学的持续发展中逐渐形成，并伴随时代变化持续更新。文化观视角下，高等数学教学不但包含数学精神、数学方法等，还包含高等数学和社会的联系，以及高等数学与其他文化间的关系。简而言之，文化观即应用数学视角分析与解决问题。利用文化观视角处理高等数学问题，有利于学生深入理解与学习高等数学知识。同时，由于数学文化蕴含的丰富内涵有助于调动学生学习高等数学的热情，因此在高等数学的教学中，教师应适当渗透数学文化观，引导学生应用文化观视角解析高等数学问题，使学生全面理解高等数学，并学会应用高等数学知识处理问题。

一、数学文化的概念

（一）数学文化的含义

数学文化是随着数学这门学科的不断发展而产生的，包括数学美、数学方法、数学精神等重要内容，若是数学失去了数学文化，就如同失去了灵魂，将变成简单且枯燥的符号。而将数学文化渗透到高等数学教学中，需要有相应的教学模式，这样才能使数学教育与数学文化更好地结合在一起，提升学生的数学素养。

高校是培养高素质复合型人才的主阵地，高等数学作为高校课程体系中的重要内容，它所提供的思想、理论知识不仅能帮助学生更好地学习后续课程，还可以培养学生的综合素质，为学生终身发展奠定基础。当前，在高校不断扩招的情况下，学生的整体素质水平有所下降，使得学生在高等数学课程的学习中存在许多问题，其原因除了与学生自身基础薄弱有关以外，还与高等数学传统的教学模式有着一定的关系。基于文化观构建全新的高等数学教学模式，将是新时代高校高等数学教育改革的重要内容，这不仅能保证学生数学素养的提升，还能为学生的可持续发展奠定坚实的基础。

在文化视角下的数学观，其实就是将数学看作一种文化，并依据数学与其他人类文化之间的交互，对数学文化的本质进行探讨。在这种观念下，数学思维不只是搞明白空间形式与数量关系，更是一种研究事物的方法，对待现实事物的一种态度。基于文化观视角下的传统高等数学教学模式将会被逐渐摒弃，新的教学模式将不再把数学当作孤立的、纯知识形式，而是以数学文化教育理论为基础，旨在培养学生的数学精神、数学品质、数学思想与数学意识，进而促进学生数学素养的不断提升。

（二）数学文化的主要特点

数学文化中包含数学精神和数学知识，是人文素养与科学素养的融合，基于文化与数学的关系下，能够将数学文化视为数学学科发展的温床，为人类数学的发展奠定了坚实基础。以下是数学文化的主要特点。

1. 历史延续性

数学学科诞生已久，在我国拥有悠久的历史，随着时代的变迁和岁月的流转，数学知识不断更新和发展，而所有新的数学知识都建立在前人的理论基础上，是其他自然科学不具备历史优势，历史延续性是数学文化最为显著和重要的特点。数学文化伴随着人类社会的发展而发展，不断积累、延续和进步，而这种延续性也体现了高等数学循序渐进、承前启后的原则，是数学文化传承的基石。

2. 思想渗透性

数学是现代科学的基础，其在几乎所有学科和领域中都获得不同程度的应用，是社会发展的重要推动力。数学文化中含有丰富的数学思想，而数学思想在不同领域中的应用，可以带动学科发展，数学文化的所具备的思想渗透性特点，需要其他学科在高水平的研发和积淀下才能够发现。

3．理性自主性

理性是数学文化的重要特征，也是数学学科的鲜明特点，数学文化能够引导学生形成理性思维，并且在理性思维的带动下，不断进行学科探索和创新。自主意识是理性思维发展的核心，也是科学进取和进步的阶梯，因此，理性自主性是数学文化具备的鲜明特点。

4．学科严谨性

数学内容本身具有较强的逻辑思维性和严谨性，学生在应用数学知识解决问题中，要规范每个步骤和环节，尤其是抽象的数学方法和数学理论，其确定性和精准性更高，与其他学科相比较，严谨性是数学文化的精髓。科研是人类社会进步与发展的前提，数学文化所具备的学科严谨性，能够为社会科研提供方法、精神的指引，对学生未来更好地开展科研工作奠定基础。

5．简洁思想性

数学学科历来以简洁著称，数学方法、数学思想以及数学语言中也蕴含着简洁的精髓，例如，函数极限符号可以通过简洁的符号将复杂的过程进行规范描述，将极限思想表现地淋漓尽致，但是看似简洁的符号却蕴含了深邃的数学内容与数学思想。

二、数学文化融入高等数学教学的价值

（一）培养学生严谨的科学意识

高等院校是为社会培养和输送人才的前沿阵地，部分学生在毕业后会从事社会科学研究工作，科研是一项严谨的创新活动，对从业人员的科学意识、职业素养和严谨精神具有较高的要求。严谨是数学文化的主要特点，纵观高等数学发展史，都是一代代数学家通过自己严谨的思维完成知识体系构建，渗透数学文化能够帮助学生形成严谨的科学意识，促使学生在未来以职业的岗位态度面对工作。

（二）激发学生对高等数学的学习兴趣

高等数学本身具有一定的枯燥性和乏味性，学生在进入到高校后，突然接触高等数学难免存在理解困难，在畏难情绪的作用下，容易导致学生失去学习热情，高等数学学科的育人优势也不能得到充分体现。将数学文化渗透到高等数学教学中，能够让学生以文化的视角加强知识理解，激发和唤醒学生对高等数学的学习兴趣，在数学文化的影响下，学生可全身心投入到课堂中，起到事半功倍的教学效果。

综合来说，高等数学教学应适当增加文化教学内容。数学文化观下的高等数学教学有别于传统的直接传授抽象、较难理解的高等数学知识，其相对灵活并且具有丰富性及趣味性。高等院校中，高等数学作为多数专业的基础学科，其理论知识对于部分学生而言较为抽象难懂。要想使学生深入理解高等数学知识，需要高等数学教师在课堂中应用案例教学方式，列举实际例子辅助知识讲解。教师单纯地讲授高等数学理论时学生的学习兴趣普遍较低，而渗透数学文化有助于引导学生了解高等数学知识，调动学生的学习热情。

（三）有助于学生运用高等数学知识

高等数学知识在各个领域、各个行业以及各个专业中都有不同程度的应用，对学生未来的职业发展具有较大帮助，学生通过学习掌握高等数学知识，其目的在于未来的岗位应用。通过渗透数学文化能够帮助学生更好地了解和理解数学知识，做到知识的融会贯通，促使学生在解决实际问题中运用高等数学知识，提升学生的知识应用能力和解决问题能力。

（四）突出数学文化的教学重要性

数学学科在发展中而形成数学文化，数学文化和数学知识属于数学学科不可分割的关键组成部分，但是在以往的教学中更加突出知识的重要性，忽视了数学文化渗透。在高等数学教学中渗透和融入数学文化，能够突出其教学重要性，实现数学文化的有效延续和延伸，提升课堂的人文性和趣味性，让学生领略到高等数学的文化之美。

所以，高等数学教学有助于推动学生充分认知数学美。高等数学并非单纯的由数字构成的理论知识，高等数学具备自身独特的艺术美感，并存在一定规律。文化内涵需要学生与教师在长期探索中感知，数学文化中沉淀了多年来相关学者对数学的探索与研究，其中蕴含的任何一个内容均有其存在的特殊价值与意义。并且，学生在了解文化内涵的过程中，可以深刻感知到高等数学的趣味性和美学价值。

第二节　高等数学教学与数学文化融合的路径探究

高等数学属于高等教育的基础学科，其在诸多专业和领域中获得广泛应用，是现代科学进步与发展的基础，数学文化是数学学科在发展进程中而衍生的文化，其中含有丰富的数学历史、人文精神和数学思想，具有较高的育人价值。教师在开展高等数学教学中，也要注重融入数学文化，激发学生对高等数学的学习兴趣，实现人文素质与数学知识的均衡发展。

一、高等数学教学与数学文化融合的重要性分析

（一）高等数学与其他学科间的交流的重要性

高等数学不是单一的学科，作为基础性工具学科，高等数学与其他专业均有紧密联系，因此，学习高等数学十分重要。要想使学生充分认知到其重要性，高等数学教师应增加高等数学与其他专业间的交流，在讲授高等数学理论知识的同时引导学生学习其他专业知识，促进学生深入了解高等数学的应用范围。如此有助于学生认识到学习高等数学的价值，有助于调动学生学习高等数学的积极性。

（二）教学理念革新的重要性

高校应革新教学理念，提升高等数学教师的综合素养。高校应呼吁教师群

体通过调研、探讨等方式，逐渐确立文化观视角下的高等数学教学理念，并在高等数学教学中实践。在这一基础上，高校相关部门应倡导、推广、践行新型高等数学教学理念，促进高等数学教学与数学文化的融合。此外，高等数学教师应深刻认识到，单纯凭借对教材知识的讲解，难以调动大学生对高等数学的求知欲。丰富、有趣味性的数学文化可以提高学生的关注度，因此，高等数学教师不但要将教材中蕴含的高等数学知识讲授给学生，还应在教学中渗透数学文化，革新教学理念，使学生在丰富有趣的数学文化中深入理解与学习高等数学知识，提高数学能力，实现高等数学教学目标。

（三）教学模式创新的重要性

在高等数学课堂中，教师依赖教材讲解知识，学生听讲以及做习题的传统教学模式已经无法满足当代大学生的发展需求。由于高等数学知识相对抽象，所以传统的教学方式难以使学生深入理解。同时，大学生历经了小学、初中以及高中等阶段的数学学习，自身已经形成了相对完整的数学体系。因此，在高等数学教学中，教师应增加引导学生主动学习的教学环节，使学生可以将自身所学的高等数学知识熟练应用到生活中，并具备解决实际问题的能力。文化观视角下，教师应将高等数学知识和实际问题有机融合，在实践中培养学生的逻辑思维以及分析问题的能力。高等数学教师应为学生提供充足的实践机会，引导学生利用高等数学理论知识解决实际问题。在这一过程中，教师应起到辅助及引导作用。创新教学模式不但可以培养学生对学习高等数学的热情，强化学生的综合能力，还能使学生切实认识到学习高等数学的价值及意义，并在解决问题后取得一定的成就感。

总而言之，部分高等数学教师还未深刻认知到数学文化的重要性及价值，对文化观的重视程度相对较低。但随着高等数学教学的革新与发展，多数教师逐渐意识到在高等数学课堂中渗透数学文化观的重要性，并在教学中实践。随着教师综合素养的持续提升，高等数学教学中越来越多地结合数学文化，学生将逐渐增加对高等数学的学习兴趣，激发求知欲，进而优化高等数学教学质量，促进高校教育事业以及大学生共同发展。

二、高等数学教学与数学文化融合的途径

（一）引导学生积累数学文化知识

数学文化拥有数千年的历史传承，教师在开展高等数学教学中，不仅要注重为学生传授数学公式、数学定理和数学定义，还要挖掘其中蕴含的数学文化，将更多的数学文化传授给学生。同时，由于高等数学课堂时间有限，教师需要在有限的时间内完成知识传授，数学文化渗透略显不足，教师可以引导学生利用课后时间自主学习数学文化，完成数学文化的积累。

例如，大学生日常生活较为丰富，教师可鼓励学生阅读一些有关数学经典和数学历史的书籍，或者观看一些有关数学家故事的短视频。例如，我国著名的古代数学书籍《九章算术》，其在东汉时期成书，收集了大量的数学问题、解法，包含沟谷测量、体积计算以及面积计算，也是世界上最早提出正负数和负数概念的书籍，该书不仅推动了我国数学历史的发展，还传播到阿拉伯、印度以及欧洲，在全世界范围内具有深远的影响。教师可鼓励学生在平时多阅读类似的书籍，不仅能够丰富和积累自身的数学文化，还可以陶冶情操，激发学生对高等数学的学习兴趣。

（二）追溯高等数学历史起源

大学生在高中阶段已经接触过部分高等数学的知识，例如，积分、导数以及极限等，但是很多学生对这一部分的知识较为模糊，学习也缺乏兴趣和主动性，如果教师在课堂中只注重知识传授，不仅难以起到良好的教学效果，还容易导致学生出现抵触和排斥心理。在渗透数学文化中，教师可带领学生追溯高等数学的历史起源，将数学概念与数学文化紧密结合，通过对高等数学起源过程的分析，促使学生从思想上接受高等数学，对数学知识形成兴趣，带着兴趣参与到课堂学习中，可起到事半功倍的效果。高等数学涉及大量的数学符号，很多学生都是不知其所以然，在追溯高等数学历史中，教师可以带领学生回顾数学符号的历史起源，帮助学生理解相关知识。

（三）领悟高等数学之美

数学文化中蕴含着数学之美，其独特的思想、符号、图形、语言以及结构，是数学之美的具体体现，例如，数学定义、数学概念的简洁之美，数学符号、数学公式的形式之美等。高等数学作为数学知识的关键组成部分，教师要注重带领学生感悟高等数学中蕴含的数学之美。例如，在学习极限部分知识中，极限语言展示了数学文化的简洁之美；又例如在学习函数增量和自变量之比的极限这一部分知识中，展示数学文化的意境之美；再例如在学习笛卡尔坐标中，其展示了数学文化的形式之美等。

数学之美蕴含着艺术因素，不同人对数学之美的理解和感悟也存在差异，教师在带领学生领悟高等数学之美时，要提供给学生充足的欣赏空间和想象空间，尊重学生的个体差异，唤醒学生对美的认知和理解。同时，教师还要鼓励学生利用自己的课余时间，从生活中发现数学之美，善于从生活中挖掘数学之美。

（四）融入哲学思想

哲学与数学属于相辅相成的关系，数学与哲学的关系是相互的，数学的深度需要哲学验证，没有哲学则无法探知数学的奥秘。因此，教师在渗透数学文化中，要注重融入哲学思想，引导学生通过辩证思维看待高等数学知识，认识到质变、量变以及抽象的过程。

高等数学秉承由易到难、由简到繁的教学原则，在进入到高校后，学生先学具体的知识，然后接触抽象的知识，例如，在学习函数微积分中，学生先学习一元函数，在此基础上学习二元以及三元函数，进而形成一定的知识积累，可以灵活的运用微积分知识解决数学问题。哲学也是秉承由易到难、由简到繁的原则，其中蕴含丰言的辩证思想和辩证关系，在高等数学中也有相关体现，例如，无限与有限、精确与近似、不变与变等。教师在渗透数学文化中，要注重融入哲学思想，引导学生将哲学思想与数学文化充分结合，便于学生更加深刻的了解数学文化。

（五）应用高等数学知识解决问题

高等数学在科学研究和科学推理中具有重要的作用和价值，在其他方面也获得广泛应用，包括社科、人文、体育、军事、经济、金融、设计、建筑以及工程等领域，高等数学都发挥了关键作用。例如，在社科研究中，利用基尼系数能够确定定积分，解决相关问题，为开展社会科学研究提供数据支撑；又例如在工程学习中，考虑弯道取率和行驶速度的关系，可以保证弯道取率科学合理；再例如在经济学中，利用弹性分析法和边际分析法，能够为经济学研究提供数据信息。在渗透数学文化中，教师要注重引导学生树立应用意识，通过运用高等数学知识解决相关问题。

教师可根据不同专业的特点，将生产实践和生活问题融入课堂，鼓励学生运用高等数学知识解决问题，或者通过布置课堂作业的方式，让学生体验高等数学在生活中的实用性。而通过长期的培养和锻炼，学生不仅能够认识到高等数学的价值性和作用性，还可以形成较强的知识应用能力，对学生未来的职业发展也具有积极意义。

总而言之，高等数学中蕴含丰言的数学文化，其对学生未来发展具有较大帮助，教师在开展高等数学教学中，要注重转变教学思维，扮演数学文化的引导者和传播者，促使学生从文化角度理解高等数学，激发学生对高等数学的学习热情，帮助学生人文素养、文化修养和知识能力全面发展。

第三节　高等数学教学与数学文化融合的应用

高校的高等数学教学方式不像义务教育那样着重数学的实际应用，在实际的教学过程中，高等数学教学要对学生进行数学文化素养的培养，使数学文化能够在高等数学教学中得以体现。下面将重点介绍数学文化在高等数学教学中的应用及重要意义。

在高校中，学生理工类课程的成绩与数学息息相关，要想高标准地掌握理工科知识，就必须具有相对扎实的数学知识及严谨的数学思维。九年义务制教育中，数学的教学方式与高校教学有很大的不同，进入大学以后，数学的难度提高，学生如果还沿用以往的学习方式，不仅数学成绩得不到提高，还会影响其他相关科目的学习。所以在高等数学教学中要融入数学文化，使得学生能够对数学有更深层次的了解。

一、高等数学教学与数学文化融合应用的重要意义

（一）端正学生的学习态度

学生的学习态度决定了学生对高等数学的态度，学生学习的积极性与主动性直接影响高等数学的学习效果。在教学过程中，教师可以通过介绍数学文化，激发学生学习的积极主动性，调整学生的学习态度。教师可在课堂上讲解一些知名数学家的传记，用他们钻研数学的刻苦精神激发学生学习的动力及兴趣。

（二）坚定学生学习数学的意志

数学学科相对其他学科而言，抽象性和逻辑性更强，对于大部分学生来说，这门学科的难度很大，在学习的过程中会遇到很多困难，会打击学习的积极性，甚至会产生放弃学习的想法。所以，教师应在高等数学教学过程中融入数学文化，让学生了解数学的辉煌成就，在提高学生对数学学科的兴趣的同时，使学生产生继承、发扬数学文化的责任感与使命感，当学生产生放弃学习数学的想法时，就会有一种力量促使他们继续前行。

二、高等数学教学与数学文化融合的应用策略

（一）对教学设计进行优化，展开研究型数学文化教学

数学文化教学主要是教师将数学内涵和数学思想传授给学生的过程，是教师与学生共同发展与交流的过程。教师在教学过程中要对教学设计进行优化，展开研究型数学文化教学，使数学文化能够更好地融入高等数学教学中。

教师要结合学生的专业，研究出能够使学生自主且独立思考的教学方式，

让学生在学到基本数学知识的同时拥有数学精神。在教学的过程中，教师要多多鼓励学生提出自己的问题与想法。

（二）增强教师自身文化素养，改变传统教学模式

只有改变传统的教学模式和教学观念，提高教师自身的文化素养，才能将数学文化更好地融入高等数学教学。教师要改变原有的教学理念，在注重实际应用的同时将数学文化引入课堂，将数学文化逐渐融入高等数学教学中。教师是施教者、组织者和引导者，应该利用课余时间进修，在提高自身数学知识的同时，增强自身数学文化素养，以丰富的数学文化知识熏陶自己，在日常生活中寻找与数学相关的理论知识及使用方法，为能够更好地将数学文化与数学知识相融合奠定基础。

（三）完善教学内容，提高学生对学习高等数学的兴趣

想要将数学文化与高等数学教学更好地融合，那么在高等数学的教学过程中教师就要对教学内容进行整合。在高等数学教学中，教师要适时地引入与数学文化相关的内容，例如，数学的发展历史，各种概念及公式的来由，定理的衍生等，减少课堂教学中的枯燥感，把课堂氛围变得活泼，使学生在学习基础知识的同时，增加对数学发展历程的了解。教师在授课的过程中，要简明扼要地讲述内容，从而激发学生的学习兴趣，在短时间内将学生的学习情绪稳定下来，达到吸引学生注意力和开发学生数学文化思维的目的。目前的高等数学教材中有很多教学内容能侧面帮助学生形成正确的人生观和世界观，所以教师在教学的过程中，一定要着重进行数学历史相关知识的讲授，使学生能够增加对数学历史的了解，提高对数学的学习兴趣，建立学习数学的信心，提高自主学习的积极性。

总而言之，将数学文化引入高等数学教学，能在提高教学质量的同时，增强学生对数学的学习兴趣，从而提高学生学习高等数学的自主性和积极性。因此，高校教师一定要提高自身的数学文化素养，把数学基础知识与数学文化有机结合，将学生对数学知识的好奇心调动起来，使得数学文化能够发挥最大的作用，让学生能够更好理解数学文化。

第四节　高等数学教学与数学文化融合的教学模式

一、高等数学教学与数学文化融合的教学模式分析

基于数学文化观视角下的数学教育，其实就是一种关于数学文化的教育，在教学中，教师要在强调学生对数学文化中的知识性成分进行学习的同时，关注其中观念性成分的熏陶与感悟。在实际的教学中，它是通过传承数学文化，特别是通过培养学生的数学精神，更好地塑造学生的心灵，让学生的数学素养得到持续发展。然而，在传统的高等数学教学中，教育者只强调了数学教育的工具性价值，并未对其人文价值予以重视，导致高校高等数学的教学模式仍是以传授知识技能为主，缺少对学生数学意识与数学精神的培养。

构建数学文化观下的教学模式，主要是为了向教师的教学工作提供依据，有效培养学生的数学意识、数学精神及数学品质，让学生的数学素养得到提高，从而更好地推广数学文化教育。基于文化观视角下的这一教学模式，它是基于数学文化教育理论，通过革新教学理念、教学方法，实现对学生数学精神、数学意识的培养。

二、高等数学传统教学模式的不足

（一）教学目标单一

从以往我国高校高等数学数学中可以发现，传统的教学模式主要是以培养学生的理论基础知识与技能为目标，所以在教学中，教师更注重数学知识的传授及学生对数学知识点的学习，不会特别关注知识与实际的联系以及学生数学素养的培养，同时教师过强的主导作用也使得学生完全处于被动地位，学生的学习积极性不高。显然，这样的教学模式已经无法满足当下高校教育事业的发展需要，也不符合数学教育的本质。

（二）缺少人文关怀

不可否认的是，在传统的高等数学教学模式下，学生对于基础理论知识与技能的掌握比较好，但在这种过于强调高等数学知识传授的课堂教学环境下，课堂互动就会比较少，这不仅会造成学生的情感无法得到关照，还会因无法体会到知识对经验的支撑而产生不良学习情绪，进而造成学生对数学学习失去兴趣，影响学生人文素养、创新素质的形成与发展。传统教学模式下，教师是课堂的掌控者，即便教师会注重对启发学生，引导学生积极参与，但在过于关注外在教学目标的情况下，就会造成完整的人格培养一直为知识的传递让路，从而造成教学中人文关怀的缺失。

（三）文化教育缺失

高等数学的教学中，让学生了解与学习相关的文化知识，不仅可以加深学生对数学知识的理解，还能提高学生的应用水平，进而切实提高学生的数学素质。但是在以往的高等数学教学中过程中，教师十分重视传授知识的抽象性与系统性，并不能意识到数学文化价值教育的重要性，且在揭示数学发现过程与文化内涵方面不足，使得学生的数学文化素质薄弱。

三、高等数学教学与数学文化融合模式构建

（一）基于文化观视角的高等数学教学目标

在人类社会的发展历程中，数学起到了举足轻重的作用，从某种层面来讲数学就是人类智慧的集中表达。在数学教育的过程中，学习数学的基本知识、技能与思想是必不可少的一部分，除此之外，数学的科学价值、人文价值也是数学教学目标中的重要组成部分。

首先，科学价值从始至终都是数学教育的重要目标，它主要表现于数学在各门学科中有着广泛的应用，且对科学发展具有不可或缺的重要性，可以简单概述为普遍适用的应用价值与高度的理论指导价值。其次，教育者还应关注数学的人文价值，通过引导学生了解与学习数学文化，培养学生的正确价值观与

世界观。综上，基于文化观视角的高等数学教学目标，理应是以学生发展为基础，以数学知识传授为核心，以育人为宗旨，让学生可以通过学习数学知识、体验数学文化。最后，提升自身的数学素养。

（二）基于文化观视角的高等数学教学模式构建

在构建基于文化观视角下的高等数学教学模式中，并不是让教师完全摒弃传统教学模式，而是通过对传统教学模式的优化与改进，形成符合当下高等数学教育发展的全新教学模式。在此过程中，教师需要先充分理解数学文化的内涵，并在构建基于文化观视角的高等数学教学模式的目标下，深入分析与研究高等数学传统教学模式，积极借鉴其中的优秀内容，笔者从多年的教学实践中总结形成了经验触动——师生互动——知识探究——多领域渗透——总结反思的教学模式。

1. 经验触动

经验触动指的是触动学生的数学经验与生活经验，这要求教师可以在实际教学中，运用植根于文化经脉的数学内容创设教学情境，使学生能够从中切实感受文化、获取知识，以此提高学生的探究欲望。

2. 师生互动

师生互动是指在教学中教师与学生需要针对数学文化进行探讨，而不只是教师单方面地向学生灌输，严格来说，师生互动还包括学生之间的交流，只有保证课堂的互动性，才能让数学文化充斥整个课堂教学中，从而更好地优化高数教学质量。

3. 知识探究

知识探究是开展数学文化教学的关键环节，数学文化与数学知识之间具有紧密地联系，二者应是相互影响、相互促进的，通过知识探究可以帮助学生在感受数学文化的同时，提炼与学习相关的数学知识，最终促进数学文化教育的进一步发展。

4. 多领域渗透

多领域渗透是要求教师可以在高等数学教学中，注重与其他学科的联系，让学生能够感受到数学与其他领域的联系，进而加深学生对数学作为人类文化本质的认识。

5．总结反思

总结反思是指通过对整个课堂教学进行回顾与总结，深化学生对所学数学知识的理解，对数学文化的体会更为深刻。

基于数学文化观视角的高等数学教学模式是一种以数学文化教育理念为基础，以数学精神、数学意识、数学品质和数学思想为目标的全新教学模式，而在此教学模式的实施中，教师教学素养的提升、学生学习习惯的改变以及课堂氛围的变化都是不可缺少的。

总而言之，现阶段在高校高等数学教育中仍有一些教师未能充分认识到数学文化的重要性，在高等数学课堂教学中未能有意识地渗透文化观，更没有从文化观视角下构建新的教学模式，显然这样不能满足当下高校教育事业的发展需要。因此，高校应重视教师综合素养的不断提升，尽快革新高等数学教学理念，并通过建立健全高等数学教学模式，合理地渗透数学文化，激发学生的求知欲，提高学生对高等数学学习价值与意义的认知程度，从而达到提升高等数学教学质量的目的，推动高校教育事业持续发展。

参考文献

［1］曹珍.高等数学课程分层教学改革的探讨［J］.数码设计，2020（13）：135.

［2］陈万付.翻转课堂模式下基层电大高等数学课堂教学实践与反思［J］.滁州职业技术学院报，2020（2）：89-91.

［3］陈英.基于深度学习的高等数学教学研究［J］.丝路视野，2023（1）：124-126.

［4］杜红春.基于新视角探析高等数学教学的创新发展［J］.中国多媒体与网络教学学报中旬刊，2023（2）：42-45.

［5］方喆.信息化手段下的高等数学课程教学改革探索以导数的概念为例［J］.河北软件职业技术学院学报，2020（1）：60-62.

［6］高雪芬，李重.基于一心二思三维模式的高等数学教学创新实践［J］.大学数学，2023（1）：31-37.

［7］何小燕，杨文华.新时代经济管理类大学教学改革与实践探究［M］.长春：吉林人民出版社，2020.

［8］候俊萍，杨玉华.深度融合信息技术的高等数学教学改革探析［J］.数学学习与研究，2022（32）：2-4.

［9］胡月.高等数学教学中融入数学文化研究［J］.科教文汇下旬刊，2021（21）：77-79.

［10］黄文宁.互联网＋背景下高等数学教学改革探索［J］.亚太教育，2020（21）：44-46.

［11］景杰.高等院校高等数学分层教学研究［J］.试题与研究，2021（17）：99-100.

［12］柯善文.互联网＋背景下高等院校高等数学教学中信息素养的培养研究［J］.甘肃科技纵横，2020（4）：77-79.

[13] 孔新海，赵勇，邓蜀元等.基于信息化平台的高等数学教学体系构建与实施 [J].中国教育信息化，2020（22）：82-84.

[14] 李德宜，陈贵词，余胜春.工科数学信息化教学丛书高等数学上第 2 版 [M].北京：科学出版社，2021.

[15] 李德宜.大学数学教学研究 [M].北京：科学出版社，2021.

[16] 李慧芬.基于数学工程能力培养的高等数学教学改革研究 [J].前卫，2023（11）：68-70.

[17] 梁金华.高等数学教学创新研究 [J].科教导刊电子版，2021（32）：222-223.

[18] 梁兆正.线上线下混合式教学实践与反思以高等数学课程为例 [J].教育信息化论坛，2022（5）：12-14.

[19] 刘红琴，许道军，丁小婷.基于智慧课堂的高等数学教学改革研究以常数项级数为例 [J].中国科技期刊数据库科研，2023（4）：24-27.

[20] 刘明术.高等数学智慧课堂的教学设计研究 [J].时代人物，2021（23）：139.

[21] 龙汉，何章鸣，汪雄良.高等数学图形启发式创新教学 [J].2020（1）：60-63.

[22] 陆东先.高等数学分层教学的研究与实践 [J].中国新通信，2020（9）：223-224.

[23] 孟宪康.基于互联网＋技术的混合教学模式在高等数学教学中的应用研究评信息化背景下高等高等数学教学创新研究与实践 [J].中国科技论文，2023（4）：470.

[24] 苗慧.信息化背景下高等数学教学创新研究与实践 [M].杭州：浙江工商大学出版社，2022.

[25] 倪雪.教育信息化环境下高校高等数学教学发展研究 [J].当代教育实践与教学研究电子刊，2020（21）：4-6.

[26] 彭华勤，朱庆.信息技术辅助下的高等数学教学模式研究 [J].教育观察，2020（5）：118-120.

[27] 钱芸.数学教学中对元认知的初步认识 [J].数学教学通讯，2021

（23）：49-51.

[28] 全婷婷，张玲，张华等 . 新工科背景下高等数学教学模式创新与实践 [J] . 沈阳农业大学学报社会科学版，2023（1）：101-105.

[29] 任铭，童新安，秦玉琨 . 立德树人视域下的高等数学教学创新与实践 [J] . 佳木斯职业学院学报，2022（5）：112-114.

[30] 邵晓锋 . 教育信息化 2.0 背景下高等数学混合式教学实践研究以黄冈职业技术学院为例 [J] . 黄冈职业技术学院学报，2021（5）：51-53.

[31] 申亚丽，常敏慧，徐天芝 . 基于 BOPPPS 模型的高等数学智慧教学模式构建与实践 [J] .2023（3）：51-56.

[32] 宋云 . 信息化背景下高等数学金课建设 [J] . 西部素质教育，2020（17）：101-102.

[33] 汤宇 . 信息化视域下高等数学教学改革与创新研究 [J] . 好日子，2020（25）：126-127.

[34] 腾叶，彭立娟，夏宝飞 . 互联网 + 环境下的高等数学的教学改革与探索 [J] . 教育教学论坛，2020（26）：281-282.

[35] 田时宇 . 网络时代下高等数学信息化教学教学设计案例以多元函数极值为例 [J] . 中文科技期刊数据库全文版教育科学，2023（5）：37-40.

[36] 王冲，郭爽，郭锐等 . 应用型本科院校高等数学课程一心一领二驱三动四融教学创新模式研究 [J] . 进展教学与科研，2023（5）：186-188.

[37] 王前锋 .OBE 理念下高等数学教学创新探讨 [J] . 中国多媒体与网络教学学报电子版，2020（32）：77-79.

[38] 王小强，郑大彬 . 基于企业微信的高等数学教学实践 [J] . 大学数学，2023（2）：43-51.

[39] 王有德 . 信息时代背景下高等数学课程教学研究 [J] . 智库时代，2020（26）：208，260.

[40] 谢宝英，毕守东，王凯等 . 数学文化视角下高等数学第一课堂教学设计 [J] . 科教文汇，2021（9）：90-91.

[41] 徐永，刘敏，曹治清 . 基于智能平板的高等数学智慧课堂教学改革探索 [J] . 教育现代化，2022（19）：21-23.

［42］杨思狄．多媒体辅助下的高等数学教学策略研究［J］.教育现代化，2020（54）：165-168.

［43］杨思狄．互联网＋背景下的高等数学混合式教学改革研究［J］.数学学习与研究，2020（14）：4-5.

［44］袁守成，艾楚涵．高等数学教学中基于 Matlab 的建模思想的探究［J］.数学之友，2023（5）：74-76.

［45］袁媛，范彦勤，郑芳．应用型高校提高高等数学教学质量的研究［J］.教育教学论坛，2023（9）：80-83.

［46］张蒙蒙．微课在高等数学信息化教学中的应用初探［J］.新课程教学电子版，2020（8）：134-135.

［47］周广成．基于问题驱动的高等数学教学研究［J］.中外企业家，2020（2）：185.

［48］周慧珍．项目式教学模式下高等数学教学改革研究［J］.科教导刊，2023（8）：41-43.

［49］周帅，张荣，汪琼枝等．基于艾宾浩斯遗忘曲线构建关于高等数学智慧课堂的教学模式［J］.现代职业教育，2023（3）：57-60.